KB139329

사이버 해킹

한림SA 01

SCIENTIFIC AMERICAN™

개인보안,
해커는 어디까지 침투할 수 있는가?

사이버 해킹

사이언티픽 아메리칸 편집부 엮음
김일선 옮김

Wars in Virtual Space
Cyber Hacking

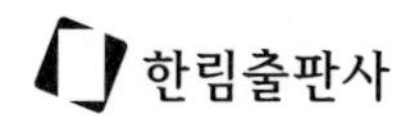

추천사

- 이정모(서울시립과학관장)

우리는 사물인터넷(internet of things, IoT)의 시대에 살고 있다. 컴퓨터뿐만 아니라 모든 사물들이 연결되어 있다. 이 세상에 존재하는 것은 '네트워크' 또는 '링크'뿐이라고 말해도 과하지 않다. 이제 곧 지구에 살고 있는 대부분의 사람들은 인터넷을 통해 연결되어 하나의 거대한 초유기체가 될 것이다. 이런 세상을 두려워할 필요는 없다. 문제는 초유기체로 연결되는 링크 자체가 아니라 링크를 파괴하려는 사람이 있다는 것이다. 우리는 그들을 해커라고 부른다.

세상이 아무리 얽히고설켜 있다 하더라도 자신의 정체성은 지켜야 한다. 이때 필요한 것이 바로 의지와 지식이다. 《사이버 해킹》은 초유기체 사회에서 자신의 정체성을 지키는 데 필요한 깊은 기술 지식을 간결하면서도 명쾌하게 설명하고 있다. 우리는 해커로부터 나를 지켜야 한다. 그런데 해커보다 더 무서운 사람들은 링크 자체를 지배하는 그 어떤 세력일지도 모른다.

추천사

– 이명현(천문학자, 과학 저술가)

일단 믿고 보는 사람이나 믿고 사는 물건이 있듯, 일단 믿고 보는 글도 있다. 글을 쓴 사람에 대한 믿음 때문이기도 하고, 글이 실린 매체의 권위 때문이기도 하다. 1845년 시작된 《사이언티픽 아메리칸》의 과학 기사는 그 전통만큼이나 정확하고 정직한 내용으로 잘 알려져 있다. 《사이언티픽 아메리칸》은 일단 믿고 보는 글을 생산해내는 몇 안 되는 매체 중 하나다. 여기에 실린 글들의 미덕 중 하나는 전통과 권위의 그늘에서 진부해지거나 고답적일 수 있었던 유혹을 떨치고 늘 최첨단 과학의 내용을 따라잡고 참신하게 풀어낸다는 것이다.

'한림SA 시리즈'는 그처럼 신뢰 있는 《사이언티픽 아메리칸》의 믿고 보는 기사 중에서도 엄선된 알짜 글로 가득한 교양 과학책 시리즈다. 과학은 일반인들이 이해하기가 쉽지 않다. 일상에 바탕을 둔 직관적 믿음을 넘어서는 진리의 세계이기 때문이다. 이 시리즈의 미덕은 현대 과학의 어려운 내용을 비껴가지 않는다는 데 있다. 현대 과학의 복잡한 내용을 생략하거나 비유로만 설명하지 않고, 진지하게 핵심적 내용에 정공법으로 접근하고 있다. 하지만 가능한 한 친절하게 하나하나 설명을 이어간다. '한림SA 시리즈'의 친절한 설명과 함께 어려운 과학 내용을 따라가다 보면 분명히 지적인 보상을 받게 될 것이다. 이 시리즈는 그런 마력과 매력을 지녔다.

과학과 기술에 대한 이해 없이는 현대를 온전히 살아간다고 할 수 없다. 과학과 기술에 대한 이해는 21세기를 살아가는 현대인들에게 단순한 교양이 아닌 핵심 교양일 것이다. 일단 믿고 읽을 수 있는 매체에 실린 글들을 엮어 만든 이 시리즈야말로 어려운 과학의 문턱을 넘어 현대적 교양인으로 나아갈 수 있는 가장 확실한 지름길을 제시하고 있다. 현대적 교양인을 꿈꾼다면 '한림SA 시리즈'와 함께 지식 여행을 떠나보자.

추천사

– 김범준(성균관대 물리학과 교수, 《세상물정의 물리학》 저자)

세상에 똑같은 사람은 하나도 없다. 과학자도 저마다 다 다르다. 젊은 시절 고른 하나의 연구 주제에 평생 매진해 결국 전공 분야에서 훌륭한 연구 성과를 내는 사람이 있는가 하면, 변덕이 죽 끓듯 해서 이것저것 주제를 바꾸어가며 매번 새로운 연구를 하는 사람도 있다. 이런저런 사람이 있어서 요지경 세상이 더 재밌게 굴러가는데, 이는 과학도 마찬가지다.

굳이 분류하자면, 나는 아마도 두 번째 부류에 가까운 과학자다. 많은 사람이 흥미롭게 생각하며 한창 뜨고 있는 연구 주제보다는, 그때그때 궁금증이 생기는 문제를 해결하는 것을 좋아한다. "아, 이건 정말 재밌는 문제겠구나" 하고 무릎을 칠 만한 새로운 아이디어가 날마다 떠오르는 것도 아니고, 또 아이디어가 떠올랐다고 해서 모두 구체적 연구로 이어지고 결과를 얻을 수 있는 것도 아니다. 게다가 나는 관심의 지속 시간이 길지 않으므로(나의 관심은 시간에 대해 지수함수적으로 줄어들며, 반감기가 단 며칠도 되지 않는다), 떠오른 아이디어에 타당성이 있어서 당장 연구를 시작하는 것이 좋을지, 너무 황당한 생각이니 빨리 접고 그 시간에 다른 연구를 하는 것이 나을지 빨리 결정해야 했다. 그렇게 해서 내 마음을 사로잡는 아이디어가 떠올랐지만 그 분야에 대해 잘 알지 못할 때면 자주 뒤적이던 잡지가 있다. 바로 《사이언티픽 아메리칸》이다.

과학 분야의 연구가 글로 소개되는 매체로는 과학 잡지(magazine)와 과학 저널(journal)을 들 수 있다. 특정 분야의 과학 논문이 실리는 과학 저널은 사실 그 분야 연구자가 아니고는 읽기가 무척 어렵다. 과학의 연구 분야는 세부적으로 나뉘고 또 나뉘므로, 과학 저널에 실린 논문 모두를 처음부터 끝까지 읽고 이해할 수 있는 사람은 어쨌든 물리학 분야에서는 이제 없다고 할 수 있다. 또 그런 방식으로 저널을 통째 읽으려 하는 사람을 나는 보지 못했다.

학생 시절 나는 논문을 찾으러 도서관을 방문하곤 했다. 서가를 가득 메우고 있는 두툼한 장정들 가운데 베개만 한 책 한 권을 꺼내 들고 종이에 메모해 온 페이지를 펼쳐 딱 한 편의 논문을 읽거나 복사하는 것이 과학 저널을 접하는 표준적 방법이었다(대체로 내가 찾는 논문이 들어 있는 저널은 딱 그것만 서가에서 빠져 있는 경우가 많다. 대학원생이라면 누구나 공감하는 머피의 법칙이다).

우리나라에서도 유명한《네이처(Nature)》와《사이언스(Science)》는 사실 저널이 아니라 잡지로 시작한 매체다. 하지만 심심할 때 커피숍에 앉아 뒤적이며 읽을 수 있는 가벼운 잡지가 결코 아니다. 논문 길이에 제한이 있어서 보통의 과학 저널에 실린 논문들보다 더 이해하기 어려운 논문도 많다. 말로만 잡지지《네이처》와《사이언스》를 일상적 의미의 잡지로 생각하는 과학자는 거의 없을 것이다.

그런데 휴게실 탁자에 떡하니 놓여 있어도 어색해 보이지 않는 과학 잡지가 있다. 커피 한잔 마시며 기분 내키는 대로 뒤적거리다가 재밌어 보이는 칼럼이 있으면 처음부터 끝까지 부담 없이 읽을 수 있는 그런 잡지, 바로《사이언티픽 아메리칸》이다.

한 번도 접해본 적 없는 무지한 분야라도 비전공자 누구나 읽고 이해할 수 있을 정도로 쉽게 설명되어 있고, 칼럼 두어 편만 찾아보면 그 분야의 과거와 현재 연구에 대해 빠르고도 정확하게 알게 해준다. 바로 그 《사이언티픽 아메리칸》에 실렸던 칼럼들이 주제별로 묶여 한 권씩 출판될 예정이다. 이런 책이 없었기에 나는《사이언티픽 아메리칸》의 모든 호를 찾아 서가를 헤집고 다녔다. 지금 학생들이 부럽다.

추천사

– 이은희(과학 커뮤니케이터, '하리하라 사이언스 시리즈' 저자)

과학은 자연현상에 관심을 가진 아마추어의 호기심에서 시작되었다. 하지만 과학이 발전하고 그 분야가 넓어질수록 과학은 전문가들의 전유물처럼 되어갔고, 과학 연구는 그들만의 리그로 여겨지게 되었다. 여기에 과학이 가져다준 환상적인 생활의 변화는 과학을 현대판 마법처럼 여겨지게 만들었다. 마치 신비한 비법을 통해 실력 있는 마법사들만이 제대로 구사할 수 있는 무언가처럼……. 어느새 보통 시민들과 과학자들 사이에는 '잃어버린 고리'가 만들어지고 말았다.

그런 점에서 《사이언티픽 아메리칸》의 존재감은 묵직하게 다가온다. 《사이언티픽 아메리칸》은 무려 170년이 넘는 시간 동안 과학적 발견과 그 의미에 대한 매우 전문적인 정보들을 일상적 언어로 가장 정확하고 가장 깊이 있게 전달해주는 어려운 임무를 훌륭히 수행해왔다. 《사이언티픽 아메리칸》의 눈은 동시대를 살아가는 이들이 과학에 어떤 관점을 가지고 있는지 보여주었고, 《사이언티픽 아메리칸》의 입은 과학이 진정으로 하고 싶은 이야기를 들려주면서 오늘에 이르렀다. 그랬기에 그 수많은 이야기들 중에서 엄선된 가장 핵심이 되는 칼럼들이 스무 권의 책으로 묶여 나온다는 소식을 듣고 조금의 망설임도 없이 이를 추천하게 되었다. 이들이 보여주는 다채로운 과학의 색에 같이 물들어가면서, 과학계의 일류 셰프가 요리해 내놓는 진한 과학의 맛을 함께 즐기게 되기를 바란다.

CONTENTS

들어가며

사이버세상에서 살아가기

사이버공간이 세상을 바꿔놓았다는 건 분명한 사실이다. 지금의 세계는 사이버공간의 도움 없이는 제대로 돌아가지 않는다. 전 세계 인터넷 이용자 수가 30억에 육박할 정도가 되었고 우리의 일상생활이 디지털화된 지는 이미 오래다. 온라인에서의 '친구'가 실제 친구들보다 훨씬 많은 것도 드문 일이 아닐뿐더러, 각종 클라우드 서비스를 이용하면 DVD 몇백 장을 집 여기저기에 보관하느라 애쓸 필요도 없다. 미디어, 통신, 금융, 과학, 기술뿐 아니라 대부분의 일상생활이 온라인에서 해결되는 세상이 도래했다.

이런 점은 미국 국방부장관이었던 리온 파네타(Leon Panetta)가 2012년 10월 뉴욕에서 한 발언에서도 잘 드러난다. 그는 "사이버공간은 21세기의 번영과 안보를 지켜줄 수많은 가능성이 열려 있는 새로운 영역입니다. 이와 동시에 사이버공간은 우리가 살아가는 삶의 방식을 바꿔버렸습니다"라고 했다. 그는 "사이버공간에 대한 공격은 막대한 물질적 피해와 인명 피해를 불러올 것"이라며 이를 '사이버진주만'이라고 불렀다. 아마 머지않아 누구나 이 용어에 익숙해질 것이다. 사이버공격은 전력, 화학, 수도시설 같은 사회 기반시설 네트워크를 표적으로 삼을 테고 통신망과 금융망, 교통망을 마비시킬 수도 있다. 경우에 따라서는 철도 운행을 통제하는 수준에 이르러 승객이나 위험 물질을 운반하는 기차를 탈선시키는 것도 가능할 것이다. 쉽게 말해, 지금은 사이버공격으로 국가 기능 대부분을 마비시키는 것이 가능한 세상이다.

이 책에서는 사이버공간과 현실을 가르는 장막의 뒤편을 엿보려 한다. 1부에서는 우선 해커란 어떤 사람들이고, 그들이 어떤 식으로 움직이는지, 또 그들의 동기와 수단이 무엇인지 살펴볼 것이다. 첫 번째 글은 마이크로프로세서(microprocessor)를 중심으로 한 반도체 칩의 내부 구조를 통해서 왜 컴퓨터가 해킹에 노출되어 있는지, 어떻게 해커들을 유혹하는지를 보여준다.

다음으로 살펴볼 내용은 컴퓨터 내부에 존재하는 위협인 바이러스(virus)와 웜(worm)이다. 이들은 단순히 컴퓨터가 느려지게 하거나 해커가 자신의 존재를 과시하려는 목적으로 만들어지기도 하지만 경우에 따라서는 사용자가 매우 값비싼 대가를 치르거나 커다란 위험에 빠지게 만들 수도 있다. 좋은 예가 이란의 핵시설을 공격했던 스턱스넷(Stuxnet) 바이러스다. '전력망이 사이버 공격을 당하면'에 이 사례에 대한 설명이 있다. 전반적으로 해킹의 동기가 단순한 과시에서 돈을 노리는 형태로 변하면서 피싱(phishing)을 이용한 사기와 다양한 악성 소프트웨어도 광범위하게 확산되고 있다.

2부에서는 사생활 관련 문제 및 개인정보를 모으고 추적하는 기술에 대해 살펴본다. 첫 번째 글은 사생활 개념이 어떻게 바뀌었는지를 분석한다. 특히 사이버 세대에 이르기까지 이 개념이 세대별로 어떻게 변해왔는지 알아보는 것이 주안점이다. 워낙 많은 개인정보가 자발적으로 SNS와 기타 사이트에 올라오는 상황에서 사람들은 사생활에 대해 얼마나 엄격하게 생각하고 있을까?

우리는 대부분 어디를 가든지 데이터를 남긴다. 2부 네 번째 글은 이에 대해 기술적으로 살펴보고 있다. 무선인식 기술에 관해 살펴보기도 한다. 무선인식 태그는 위치추적 장치로서 점점 더 많은 물품에서 사용되지만 이와 관련된 보안문제는 거의 신경 쓰지 않는 편이다. 또한 스파이 기술에 관한 내용도 있는데 이는 팩스 같은 아주 기본적인 개인 및 사무장비에서 은밀하게 정보를 캐내는 기술이다.

물론 정보를 지키는 방법에 대한 내용도 빼놓을 수 없다. 3부에서는 사이버 세계의 보안을 유지하기 위한 혁신적인 기술들을 소개한다. 첫 번째 글에서는 단순히 암호를 이용해 정보를 통제하는 방법과 수학을 이용한 암호화 기술이 가진 높은 보안성을 비교해서 살펴볼 것이다. 또한 본인 확인을 위한 사용자 아이디와 패스워드를 지문처럼 생체학적 특성으로 대치하는 기법도 소개된다. 생체정보를 이용하는 기술은 가장 확실한 신원 확인 방법인 데다 복사도 어려워서 이를 이용해 사기 치기가 힘들다. 이 기술을 구현하는 데 필요한 센서와 프로세서의 가격이 떨어지면서 성능이 향상되는 등 생체인식 기술은 점차 광범위하게 보급되고 있다.

1982년에 윌리엄 깁슨(William Gibson)은 단편소설 《버닝 크롬(Burning Chrome)》에서 처음으로 사이버공간이라는 말을 썼고, 후속작 《뉴로맨서(Neuromancer)》에서도 이 말을 사용했다. 하지만 깁슨은 이 어휘가 그저 관념적이면서 뭔가 떠오르는 느낌을 줄 뿐 근본적으로는 무의미하다고 여겼다. 여러 가지 관련 정보가 가득한 이 책에서 잘 드러나겠지만, 지금은 전혀 그렇지 않다.

– 로버트 키팅Robert Keating, 편집자

1

해커

1-1 해커가 IC 내부를 노린다

존 빌라세뇰 John Villasenor

멀쩡하던 스마트폰이 갑자기 먹통이 된다. 키를 아무리 눌러도 반응이 없을 뿐더러 전화를 받을 수도, 메시지를 보낼 수도 없다. 전원이 꺼지지도 않는다. 배터리를 뺐다가 다시 끼워보아도 마찬가지다. 분명히 평범한 고장은 아니다. 몇 시간 뒤, 많은 사람들이 나와 똑같은 일을 겪었다는 걸 알게 된다. 모두의 스마트폰이 갑자기 멈춰버린 것이다.

우리의 일상생활이 점점 더 복잡한 반도체 칩(IC)에 의존해가는 상황에서 이처럼 여러 기기들이 대규모로 공격받는 일이 일어날 가능성은 충분하다. 요즘의 반도체 칩은 구조가 너무나 복잡해서 아무리 뛰어난 엔지니어라도 혼자서 이를 속속들이 꿰고 있을 재간이 없다. 실제로 반도체 개발은 전 세계 여러 곳에 흩어져 근무하는 엔지니어 그룹이 각자 맡은 부분을 설계하는 방식으로 이루어지며, 처음으로 모든 부분이 실제로 합쳐지는 것은 반도체 제조 공장에서 칩으로 만들어질 때다. 칩 내부의 회로는 완벽하게 테스트하기에는 너무나 복잡한 경우가 많다. 의도적이건 의도적이지 않건 설계 과정에서 발생한 결함이 발견되지 않고 있다가 특정 조건이 만족되었을 때만 동작하는 일도 트로이목마처럼* 충분히 가능하고, 일단 이런 일이 시작되면 걷잡기 어려운 공격으로 변할 가능성이 있다.

*다른 프로그램의 코드로 위장하여 특정한 프로그램을 침투시킴으로써 시스템에 불법적인 행위를 수행하는 행위.

반도체 자체에 회로 형태로 심는 식의 해킹은 태생적으로 소프트웨어 해킹보다 훨씬 대처하기가 힘들다. 일반적으로 컴퓨터 바이러스는 감염된 기기에서 다른 기기로 옮아갈 수 있지만 또 한편으로는 감염된 기기를 치료하는 것도 가능하다. 반면에 칩에 설계 단계부터 자리 잡은 해킹은 문제가 된 칩을 교체하는 것 말고는 딱히 대응할 방법이 없다. 적어도 아직까지는 그렇다.

그래서 칩 자체에서 발생하는 해킹 문제는 관련 전문가들에게도 아주 골치아픈 일이다. 마이크로프로세서를 이용하는 전자기기라면 이 문제에서 자유로울 수가 없다. 게다가 그렇지 않은 기기를 찾기가 어려운 세상이다. 반도체 칩은 오늘날 세계의 모든 전력 시스템과 통신 시스템의 핵심을 이루는 존재다. 여객기 날개의 각도에서부터 자동차 브레이크 시스템에 이르기까지 어느 것이나 마이크로프로세서에 의해서 조절된다. 은행의 금고, 현금 지급기, 주식시장도 마찬가지다. 군대에서 사용되는 거의 모든 주요 장비도 별다르지 않다. 반도체 칩에 대한 공격이 주도면밀하게 이루어진다면 전 세계 경제와 군대, 정부를 혼란에 빠뜨리거나 멈추게 하는 것도 불가능한 일만은 아닌 것이다.

내부에 숨어 있다가 기회를 보아 공격하는 트로이목마 형태의 하드웨어 공격은 실제로 실행되기까지 몇 년이 걸릴 수도 있으니 어쩌면 이미 일부 칩에 트로이목마 바이러스를 심어놓았을 가능성도 적지 않다. 아직 이와 관련해서 드러난 사례는 없지만 결국 언젠가는 일어날 일이라고 보는 편이 타당할 것이다.

소프트웨어 바이러스로 인한 경험 덕분에 누구나 알고 있듯이, 비록 소수일지라도 자신의 기술적 지식을 불순한 의도로 사용하는 사람이 있다면 굉장히 큰 피해가 발생할 수 있다. 그러므로 반도체 칩을 목표로 삼는 공격이 과연 있을지 없을지를 고민하기보다는 차라리 이런 질문을 던져보는 게 합리적이다. 반도체 칩에 대한 공격은 어떤 형태로 이루어질까? 일어난다면 그 영향과 결과는? 아마도 가장 중요한 질문은, '어떻게 하면 그런 공격을 찾아내고, 막아내고, 피해를 최소화할 수 있는가'가 되어야 할 것이다.

공격도 방어도 칩 내부의 구역별로

간단히 표현하면 반도체 칩은 실리콘 조각 위에 전자회로를 새겨 넣어서 만든다. 최근의 칩은 굉장히 작아서 대부분 손톱만 하거나 그보다도 훨씬 작지만 그 안에 트랜지스터 몇십 억 개를 새겨 넣을 수 있다. 역설적으로 이처럼 복잡한 회로를 반도체 칩으로로 만들 수 있기 때문에 트로이목마 같은 형태의 공격을 할 여지가 생긴다.

칩 내부는 기능별로 구역이 나뉘어 있다. 스마트폰에 사용되는 프로세서 칩을 예로 들어보면, 특정 구역에 촬영한 동영상의 매 화면(frame)을 저장하는 메모리가 위치하고, 다른 구역에는 동영상을 특정한 형식으로 압축하는 기능이, 또 다른 구역에는 이 동영상 파일을 스마트폰 외부로 전송하는 기능이 들어 있는 식이다. 구역들 사이에는 마치 고속도로처럼 각각의 구역을 연결하는 통로가 만들어져 있어서 이를 통해서 구역끼리 정보를 주고받는다. 반도체 제조사가 새 칩을 설계할 때 가장 먼저 하는 일은 어떤 기능을 칩에 포함시킬지를 결정하는 것이다. 기능에 따라서는 자체 보유한 기술일 수도 있고 이전에 쓰던 기능을 기반으로 개선한 기술이나 아예 처음부터 직접 개발한 기술도 있다. 반면에 안테나에서 신호를 수신하는 기능처럼 일부 기능은 다른 회사에서 사와야 하는 경우도 있다.

칩을 만드는 이유는 다양한 기능의 회로를 실리콘 판 한 덩어리에 구현하려는 것이기 때문에, 기능 일부를 다른 회사에서 사온다고 해서 실제로 칩에 들어갈 덩어리 일부를 공급받는지는 않는다. 기술을 제공하는 회사는 해당 기능을 실리콘 칩에 새기는 데 필요한 정보가 담긴 파일만 줄 뿐이다. 보통 이런 파일은 사람이 직접 읽고 전체적인 내용과 구조를 이해하기에는 너무 크다. 그리고 일반적으로 기술을 제공하는 회사는 자신들이 제공하는 기능을 칩 제조사가 다양한 상황에서 테스트할 수 있는 소프트웨어도 함께 공급한다. 칩 제조사는 자신들이 원하는 다양한 기능을 모아서 하나의 실리콘 칩으로 만들기 전에 컴퓨터를 이용해서 칩의 전체적인 동작이 설계한 대로 이루어지는지를 확인해본다. 칩을 생산하는 일에는 굉장히 많은 시간과 비용이 소모되므로 칩 제조회사는 컴퓨터 모의 테스트에서 문제가 없다는 사실이 확인된 후에야 비로소 실제 실리콘 칩을 생산하는 과정에 돌입한다.

해커들이 찾는 틈새는 이 과정에 있다. 어떤 방법으로든 해커가 칩에 특정 기능을 숨겨두었다면 그 기능이 자신이 원할 때 동작하도록 방아쇠 역할을 해줄 어떤 수단이 있어야 한다. 따라서 칩 제조사가 실제 제조에 들어가기 전에 철저한 테스트를 통해서 이런 요소를 찾아낸다면 칩 내부에 해커가 의도

한 기능이 몰래 자리 잡을 여지가 없다. 하지만 현실적으로는 이러한 테스트가 불가능하다. 제조사가 일일이 확인해보기에는 틈새가 너무 많기 때문이다. 스마트폰의 예에서처럼 숨겨놓았던 회로가 특정 날짜에 동작하게 만들어 의도한 기능을 내부에서 활성화시키는 방법도 있고, 한편으로는 특정한 문자가 들어 있는 문자메시지나 이메일을 수신했을 때 몰래 심어놓은 기능이 동작하도록 하는 방법도 생각할 수 있다. 어쨌거나 칩 제조사는 이러한 해킹을 막기 위해 현실적으로 가능한 모든 테스트를 수행하기는 한다. 현실적으로는 칩 내부의 나뉘어 있는 구역별로 진행되는 테스트에서 별문제가 없다면 그 구역은 정상적으로 동작한다고 판단할 수밖에 없기도 하다.

반도체 칩의 개발 과정과 보안문제

반도체 칩 역사의 초창기에는 어느 회사나 칩 설계를 회사 내의 인력으로만 이루어진 작은 팀에서 맡았으므로 해커를 신경 쓸 이유가 전혀 없었다. 이러한 환경이었기에 개발 엔지니어들은 동료들이 담당한 칩 내부의 다른 부분들이 설계한 대로 동작할 거라는 전제하에 일했다. 당연히 내부의 기능이나 구역들이 주고받는 정보가 암호화될 필요는 없었다. (이런 역사는 인터넷의 탄생에서도 반복된다. 최초의 인터넷은 대학에 소속된 몇몇 사람들이 만들었고, 이들은 인터넷에 연결된 모든 사람들이 악의가 없을 것이라는 전제하에 오가는 데이터를 누구나 볼 수 있게 만들었다. 인터넷이 성장함에 따라 이런 낭만적인 가정은 사라진 지 오래다.)

하지만 오늘날 반도체 칩 개발은 전 세계 곳곳에 위치한 몇백 혹은 몇천 명의 사람들이 참여하는 가운데 이루어진다. 복잡한 개발 단계를 거치면서 설계와 관련된 많은 자료의 전체 또는 일부가 여러 곳에 저장되고, 수많은 부서와 협력사 사이를 오간다. 예를 들어 미국의 반도체 회사가 새로운 반도체 칩을 개발하는 경우를 생각해보자. 세계 곳곳에 있는 지사에서 작업한 내용을 모아 전체 설계를 완성한 뒤, 중국에 있는 공장에서 칩을 생산한다. 각각의 지사는 외부 협력사와 설계에 관련된 정보를 주고받아야 하는데 그 협력사는 미국, 유럽, 인도 등 어디에도 있을 수 있다. 이런 식의 글로벌 협력체계는 이제 일상이 되었고 그 덕분에 엄청난 비용 절감과 효율 향상을 가져왔다. 하지만 한곳에서 모든 일이 이루어지던 때에 비하면 보안문제는 훨씬 심각해졌다. 복잡한 칩 개발과 생산에 관련된 인력의 수만 보더라도 누군가 설계 관련 자료를 훔쳐내고, 아무도 모르게 설계를 변경할 가능성이 높아질 수밖에 없음이 감지된다.

가능성은 낮지만 해커가 개발팀 내부에 있지 말라는 법도 없다. 개발에 관련된 사람 대부분은 더 좋은 제품이 나오도록 노력을 아끼지 않겠지만, 여느 보안 관련 문제가 그렇듯 내부에 나쁜 의도를 가진 사람이 한두 명이라도 있다면 결과는 매우 심각할 수 있다.

칩의 개발과 제조가 이루어지는 모든 과정에 해커가 접근할 수 없도록 하는 것이 칩 해킹을 막는 가장 이상적인 방법이긴 하다. 미국 국방부 산하 연구기관인 미국방위고등연구계획국(Defense Advanced Research Projects Agency, DARPA)은 이런 개념을 바탕으로 진행하는 개발 방식을 'Trust in IC' 방식이라고 부른다. 이 방식에 따르면 설계와 개발에 관련된 모든 과정은 보안이 확보된 환경에서 신원이 확실한 인력만이 진행할 수 있다. (한편 새로운 칩을 미군이 사용할 무기에 장착되기 전에 테스트하는 새로운 기술에 대한 연구도 진행되고 있다.) 하지만 아직까지는 모든 설계 과정을 완벽하게 만들 수 있는 방법은 현실적으로 존재하지 않는다.

칩을 설계할 때는 예상치 못한 공격이 발생했을 때 대처하는 회로도 고려해야 한다. 칩 내부에서 동작하는 일종의 경찰회로가 필요하다는 뜻이다. 성숙한 사회라면 효과가 완벽하지는 않다는 점을 알면서도 잠재적 범죄자들이 범죄를 저지르지 않도록 여러 가지 적절한 정책을 시행할 것이다. 그런데 범죄를 다룰 때 가장 중요한 것은 범죄가 일어났을 때 즉각 대응할 수 있는 경찰력을 확보하는 것이다.

반도체 칩 내부 보안 대책의 필요성

해커의 공격을 탐지하고 적절하게 대처할 능력을 가진 회로도 존재하기는 한다. 이러한 칩에는 회로 내부에서 문제가 될 만한 일이 일어나지는 않는지 전체적으로 동작을 감시하는 회로가 별도로 탑재되어 있다. 감시회로는 공격으로 추정되는 동작이 감지되면 공격 형태에 따라 피해를 최소화하도록 적절한 조치를 한다.

앞서 예로 든, 스마트폰이 갑자기 동작을 멈추는 경우도 칩 내부 특정 구역이 정상적으로 작동하지 않았을 때 일어날 수 있는 현상이다. 고장 난 구역은 다른 모든 구역과 정보를 주고받는 통로를 통해서 연결되어 있는데, 여러 구역이 동시에 이 통로를 이용할 수는 없기 때문에 모든 칩에는 이 통로를 관리하는 별도 기능이 마련되어 있다. 하지만 칩 내부에서 정보 흐름을 완벽하게 통제하기란 불가능하다. 각 구역에 통로 이용권을 줄 수는 있어도 이 기능이 칩의 모든 기능에 우선하지는 않는다. 예를 들어 어떤 구역에 통로를 이용할 권한을 주면 그 구역이 통로를 이용한 뒤 이용 권한을 반납해야 하지만 그렇지 않은 경우도 있을 수 있다. 이것이 바로 오래전 모든 기능이 정상적으로 작동할 것이라고 가정했던 사실이 남긴 잔재이다. 문제는 여기서 시작된다.

보통 특정 구역은 자신이 필요한 동안에만 정보 전달 통로의 사용권을 가지고 있다가 반납한다. 그러면 통로 관리 기능이 반납받은 사용권을 다른 구역에 건네주는 식이다. 하지만 어떤 구역이 무슨 이유에서건 자신이 가진 통로 사용권을 반납하지 않으면 다른 구역들은 정보를 주고받을 방법이 없게 되고, 결국 기기가 전체적으로 아무런 동작을 하지 못하는 상태가 되고 만다.

반면 보안체계가 마련된 칩은 구역들끼리 정보 전달이 원활히 이루어지고 있는지를 지속적으로 감시한다. 만약 특정 구역이 정보 전달 통로의 사용권을 쥐고 놓지 않으면 보안회로가 나서서 그 구역이 사용되지 않도록 격리하고, 해당 구역이 맡고 있던 기능을 대신한다. 물론 이렇게 하면 전체적인 동작은 느려지지만, 적어도 기기가 동작을 멈추는 사태는 막을 수 있다.

하지만 이처럼 공개적으로 일어나는 공격은 그리 치명적이지는 않다. 오히려 공격하고 있다는 사실이 잘 드러나지 않을 때가 더 문제가 된다. 겉보기에는 기기가 정상적으로 동작하고 있지만 실제로는 해로운 기능이 몰래 수행되고 있기 때문이다. 예를 들어 스마트폰이 사용자 모르게 송수신되는 메시지를 누군가에게 보내는 경우가 있다. 사용자가 아무런 낌새도 채지 못한 상태에서 이런 상황이 무한정 지속될 수도 있는 것이다.

보안 기능이 설치된 칩은 이런 종류의 공격에 대해서 확실한 대응책을 가지고 있어서 감시회로가 외부와 주고받는 데이터의 종류와 양을 수시로 측정해보며 정상적 상태에서 예상되는 정보의 흐름과 통계적인 비교를 수행한다. 조금이라도 이상한 움직임이 있다면 정보가 새어 나가고 있을 가능성이 있으므로 사용자에게 위험을 경고해주거나, 정보의 흐름을 바로 멈추도록 고안되어 있다.

공격을 받은 칩은 해커가 숨겨놓았던 회로가 동작할 때 적절한 대응을 하는 것에 더해서, 동일한 공격에 노출될 수 있는 다른 기기들에 현재 어떤 종류의 공격이 일어나고 있는지를 알려줌으로써 (적어도 피해를 최소화할 수 있도록) 예방 조치를 하기도 한다. 기기 대부분이 각종 네트워크로 연결되어 있는 것을 생각해보면 사실 이런 기능을 구현하는 것이 그리 힘든 일도 아니다. 예를 들어 어떤 기기가 특정 메시지에 의해서 해커가 숨겨놓은 기능이 동작하는 것을 눈치챘다면, 다른 기기들에 동일한 메시지를 차단하라고 알려주는 식이다.

그런데 이 같은 대책들은 문제 발생시 대응하는 회로가 안전하게 동작할 때만 적용 가능한 것이어서 근본적 문제가 있다. 회로를 외부의 침입에서 보호하기 위해 외부와 확실하게 격리된 회로가 필요하다면 일종의 순환논리에 빠지게 된다. 하지만 칩 내부에서 보안을 담당하는 회로는 전체 회로의 아주 일부분이므로 이 부분만이라도 제조회사 내부에서 보안을 확실하게 유지한 상태에서 개발한다면 해당 부분의 보안을 확보할 수 있을 것이다.

지속적 방어책이 필요하다

인터넷 보안문제는 정부와 학계 및 관련 업계의 노력 덕분에 큰 폭으로 개선되었다. 하지만 지금도 반도체 칩의 보안과 관련된 대책은 인터넷이 15년 전에 처했던 수준에 머물러 있다. 이 문제에 좀 더 주의를 기울여야 한다는 인식이 확산되고 있기는 하지만 확실한 대응책은 아직 마련되지 못했고, 실제 적용은 더욱 미미한 상태다.

하드웨어에 대한 공격을 철저히 막아내려면 여러 단계의 보안 대책이 필요하다. 미국방위고등연구계획국의 경우처럼 조금이라도 보안체계가 불완전한 칩은 아예 생산하지 않는 것이 가장 확실한 방법이라고 할 수 있다. 하지만 일반적으로는 문제가 일어났을 때 신속하게 대처할 방법을 강구해두는 정도가 필수적 수준이라고 볼 수 있다. 그런데 세상에 공짜는 없는 법이다. 보안이라는 것이 으레 그렇듯, 칩의 보안수준을 높이는 데는 돈과 시간, 노력이 들게 마련이다. 결국 여러 가지 방법을 살펴보고 비용과 효과 면에서 적절한 수준에서 타협을 해야만 한다. 한 가지 다행이라 할 수 있는 점은 적절한 수준의 보안을 확보하는 데는 그다지 높은 비용이 들지 않는다는 점이다.

보안 대책이 포함된 칩에는 이를 위한 추가적인 회로가 포함된다. 캘리포니아대학교 로스앤젤레스캠퍼스(University of California, Los Angeles, UCLA) 연구팀이 살펴본 바에 따르면 이로 인해 늘어나는 회로의 양은 기껏해야 몇 퍼센트 정도다. 물론 보안회로가 동작하려면 칩의 계산능력 일부를 끌어다 써야 하므로 칩의 동작 속도가 약간 느려지기는 한다. 하지만 연구 결과를 보면 성능 저하는 문제가 될 만한 수준이 아니고, 특히 보안회로가 일시적으로 사용되지 않고 있는 기능을 활용할 경우 칩의 성능 저하가 전혀 일어나지 않았다.

소프트웨어 해킹을 막기 위한 대책에서도 마찬가지였지만, 하드웨어의 보안을 확보하려면 예상되는 공격에 대비한 방어책을 미리 준비해야 한다. 따라서 마치 무기 개발 경쟁처럼 지속적으로 노력해야만 한다. 소프트웨어의 경우, 이미 보급되어 사용 중이더라도 보안에 허점이 발견되면 인터넷을 통해 새로운 대비책을 배포하는 방식으로 대응할 수 있지만 칩에 문제점이 발견되었다고 해서 새로운 칩을 배포할 수는 없다. 하지만 최신 반도체 칩 기술로 체계적으로 설계하기만 한다면 해커의 공격을 받아 동작 불능에 빠진 일부 기능을 사용 중지시키는 기능을 넣을 수 있다. 현재로서 최선의 방어책은 공격에 대해서 융통성을 갖도록 칩의 동작을 설계하는 것이라 할 수 있다.

반도체 칩을 노리는 해커의 공격이 전혀 없기를 바라는 것은 무리다. 그렇다고 지금의 기술이 그런 공격에 속수무책으로 당할 수밖에 없는 수준이 아닌 것 또한 분명하다.

1-2 전력망이 사이버공격을 당하면?

데이비드 니콜 David M. Nicol

2010년, 고도의 보안체계를 갖추고 있는 이란 핵농축 시설에 컴퓨터 바이러스가 파고드는 데 성공했다. 보통 바이러스는 대상을 가리지 않고 퍼져나가지만, 스턱스넷 바이러스는 인터넷에 연결되지 않은 컴퓨터만을 목표로 삼는다. 이 바이러스는 USB 메모리에 숨어 있다가 메모리가 컴퓨터에 연결되면 활동을 시작한다. 스턱스넷은 자신이 숨어 있는 컴퓨터가 제어장치, 밸브, 기어, 모터, 스위치 등 각종 산업용 장치에 연결되어 있는지 살펴보다가 목표로 삼는 장치가 연결되면 비로소 진짜 임무를 시작한다. 또한 대상이 된 장비를 완전히 제어하면서도 자신의 존재가 드러나지 않도록 은밀히 움직인다.

목표는 이란의 핵시설에 있는 원심분리기였다. 핵무기에 필요한 농축우라늄을 제조하려면 원심분리기 몇천 개를 이용해 우라늄 광석에서 우라늄을 분리해야만 한다. 정상적인 상태에서 원심분리기의 회전 속도는 아주 빨라서 바깥 부분의 속도는 음속에 약간 못 미치는 정도다. 과학국제안보연구소(Institute for Science and International Security, ISIS)가 발표한 보고서에 따르면 스턱스넷은 이 속도를 거의 시속 1,600킬로미터에 이르게 만들어 원심력에 의해 장비가 거의 분해되는 수준까지 높여버린다고 한다. 동시에 제어장치에는, 모든 장비가 정상적으로 동작하고 있다는 조작된 신호를 보낸다. 이란이 이 바이러스로 인해 입은 피해는 정확히 공개되지 않았지만, 위의 보고서에 따르면 나탄즈

(Natanz)에* 있는 농축시설에서 2009년 말이나 2010년 초쯤에 원심분리기 1,000개 정도를 교체해야 했을 것으로 보인다.

*이란 중부 지역에 위치한, 대규모 우라늄 재처리 시설이 건설된 인구 1만 2,000명 정도의 작은 마을.

스턱스넷의 사례를 통해서 현대적 산업장비를 사이버공격으로 무력화할 수 있다는 점이 잘 드러났다. 보안이 철저한 시스템에 침입했고, 몇 달이 지나도록 발견되지 않으면서 정해진 목표를 파괴했기 때문이다. 아마도 어떤 국가나 테러단체가 이와 유사한 기술을 사용해서 전 세계 핵심 민간시설을 공격하려 한다면 일은 훨씬 더 쉬울 것이다.

일반적으로 전력망은 우라늄 농축시설보다는 훨씬 침입하기 쉽다. 전력망은 몇백 킬로미터씩 떨어진 곳에 위치한 부품 몇천 개가 정확하게 맞물려서 움직이는 하나의 거대한 회로라고 생각하면 이해하기 쉽다. 전력망에 공급되는 전력의 양은 마치 여럿이 발맞추어 걷는 것과 같아서 전력 수요에 맞추어 오르락내리락한다. 발전기들은 1초에 60회라는 템포에 맞추어 마치 모든 발전기가 함께 춤을 추듯 정교하게 전기를 만들어낸다. 설령 발전소 한 군데나 발전기 한 개가 고장이 난다 해도 전체 전력망에 그다지 큰 영향은 없지만, 동시에 여러 발전소에 치명적인 사이버공격이 계획적으로 이루어진다면 얘기는 달라진다. 전국의 전기 공급을 담당하는 전력망이 몇 주일, 심지어 몇 개월까지도 정상적으로 움직이지 못하게 될 수 있다.

국가적 전력망의 규모는 워낙 방대하므로 체계적으로 사이버공격을 하려고 해도 굉장한 시간과 노력이 든다. 스턱스넷만 보아도 지금껏 발견된 어느 바이러스보다도 정교하게 만들어져 있어서 전문가들은 이스라엘이나 미국의 정보당국에서 (어쩌면 둘이 함께) 만들었을 것이라고 추정한다. 지금은 스턱스넷의 원본 프로그램도 인터넷에서 구할 수 있는 시대이므로 누구라도 이를 수정해서 새로운 공격용 바이러스를 만들 가능성이 있다. 알 카에다 같은 집단에겐 아직까지 이 정도 기술을 구사할 능력은 없는 것으로 보이지만, 중국이나 러시아에 고용된 해커라면 불가능한 일만도 아니므로 전력망을 안전하게 보호할 방법을 시급히 확보해야만 한다.

전력망 침입 경로

2010년에는 미국의 전력망에 대한 가공의 사이버공격에 대비해 전력회사, 정부기관, 군 등 다양한 분야의 기관이 참여한 훈련이 있었다. (군대도 상업용 전력망에서 전기를 끌어다 쓴다.) 훈련 시나리오에 따르면 전력망에 침투하는 해커들이 송전용 변전소 몇 군데를 해킹해서 장거리 고압 송전선의 전압을 일정하게 유지하는 시설을 무력화하도록 되어 있었다. 훈련이 끝날 때쯤 대략 절반 정도의 전압 유지장비가 피해를 입었다. 이 정도면 미국 서부 지역 전체가 몇 주 동안 전력 공급을 받지 못할 수준이다.

화력발전소나 원자력발전소의 거대한 발전기부터 길거리의 전봇대에 연결된 전깃줄까지 전력망에 포함된 다양한 장비들은 모두 컴퓨터로 제어된다. 제어용 컴퓨터의 대부분은 윈도우(Windows)나 리눅스(Linux)같이 보편적인 운영체제를 사용하기 때문에 해커가 침입하려 마음먹으면 보통의 가정용 PC와 비교해도 특별히 다를 것이 없다. 스턱스넷 같은 사이버공격이 성공적이었던 데는 그럴 만한 이유가 있다. 보통 운영체제는 수행되고 있는 프로그램이 정상적이기에 악성 프로그램의 침입을 막지 못하는 경우가 종종 있다. 또한 산업용처럼 특별한 용도로만 쓰이는 경우에는 통상적으로 보급된 방어수단을 적용하지 못하도록 되어 있는 경우가 많기 때문이다.

전력망을 운용하는 기술자들이 이런 내용을 모르지는 않지만, 일부 담당자들은 전력망 제어 시스템이 인터넷에 직접 연결되어 있지 않다는 이유로 외부에서 악성 프로그램이 핵심장비에 침입할 여지가 없다고 생각할 가능성도 있다. 하지만 이런 가정이 옳지 않다는 사실은 인터넷에 연결되지 않은 시설의 제어 시스템을 장악했던 스턱스넷의 사례에서도 이미 드러났다. 인터넷이 아니더라도 USB 메모리처럼 외부에서 핵심장비에 접근할 방법은 항상 존재하기 때문이다. 아주 작은 약간의 틈새도 중요시설에 침투하기로 단단히 마음먹은 침입자에게는 커다란 기회가 될 수 있다.

발전소에서 가정까지 전기가 공급되는 경로 중간에 있는 송전용 변전소를 생각해보자. 송전용 변전소에는 하나 이상의 발전소에서 생산된 전기가 고압으로 전달되는데 이곳에서 전기의 전압을 낮춘 뒤에 배전용 변전소 여러 군데로 나누어 전송한다. 혹시라도 이 과정에 문제가 생기면 회로 차단기가 작동해서 전기의 전송을 멈춘다. 그런데 여러 곳으로 연결되는 전기선 가운데 한곳에 문제가 생기면 이곳을 제외한 나머지 전선으로 모든 전기가 흐르게 된다. 모든 전선에 최대 용량으로 전기가 공급되는 상황은 현실적으로 드물기 때문에 만약 해킹으로 인해서 절반 정도 송전선에 전기 공급이 멈춰지고 나머지 절반의 송전선에 모든 전기가 공급된다면 이 송전선들은 모두 과부하 상태가 될 가능성이 높다.

예전부터 문제가 발생하면 전화선을 이용해 외부에서 원격으로 회로 차단기를 조작했다. 그런데 요즘 같은 세상에서는 회로 차단기에 연결된 전화번호를 찾아내는 게 전혀 어려운 일이 아니다. 해커들은 이미 30여 년 전에 전화국에 침투해서 회로 차단기에 연결된 전화번호를 식별해내는 데 성공했다. 송전망에 설치된 회로 차단기에 전화를 걸면 일반 신호와는 확연하게 구분되는 응답 신호를 보내므로 구분이 쉽다. 게다가 (일반적인 패스워드를 쓰거나 아예 없는 경우도 있을 정도로) 보안도 허술해서 외부에서 전화선을 통해 회로 차단기에 침입하는 것이 그리 어렵지 않다. 일단 침입하면, 회로 차단기가 동작해야 하는 상황에서도 동작하지 않도록 만들기는 식은 죽 먹기나 마찬가지다.

새로 설치된 장비라고 해서 반드시 보안성이 개선되지는 않는다. 송전망에 설치되는 신형 원격 제어장치들이 점차 무선망을 이용하기 시작하자, 해커 쪽에서는 그저 근처 숲이나 덤불에 컴퓨터 한 대만 가지고 숨어 있으면 되기에 오히려 접근이 쉬워진 면도 있다. 암호화된 무선망을 이용하면 보안성은 높아지지만, 수준 높은 해커로서는 이를 뚫는 것이 그리 어렵지 않다. 해커가 두 군데 장비의 통신망에 파고들어 두 장비가 주고받는 모든 신호가 자신의 컴퓨터를 거치도록 한다든가, 아니면 한쪽 장비가 자신의 컴퓨터를 다른 쪽 장비로 착각하게 만드는 상황을 가정해보자. 그러면 해커는 회로 차단기를 마음대로 조작할 수 있게 되므로 특정한 송전선에 과부하가 걸리게 하든가, 회로 차단기가 동작해야 하는 응급 상황에서도 이를 동작하지 않게 만들어버릴 수 있다.

해커들은 보통 어떤 방법으로든 시스템 내부로 침입하는 데 성공하면, 되도록이면 여러 곳으로 침입을 확대한다. 이런 경향은 스턱스넷의 사례도 마찬가지였다. 스턱스넷은 윈도우 컴퓨터에서 새로운 사용자가 로그인할 때마다 AUTOEXEC.BAT 파일이 수행되는 점을 이용해서 확산되었다. 이 파일은 보통 프린터 구동 파일 설치나 바이러스 검색 같은 기본적 기능을 수행하는데, 윈도우는 몇몇 정해진 이름을 가진 파일은 의심하지 않고 실행하도록 만들어져 있다. 해커는 여기서 틈새를 찾아내어 AUTOEXEC.BAT 파일에 자신이 원하는 내용을 집어넣었던 것이다.

해커들은 전력업계의 사업 방식을 활용하는 재치 있는 방법을 쓰기도 한다. 전력산업에 대한 정부의 규제가 완화되면서 전력망 유지의 책임은 모든 전력회사들이 함께 떠안아야 할 과제가 되었다. 지금 미국에서 전기는 온라인 경매를 통해서 계약된 내용에 따라 생산, 전송, 배분된다. 어떤 계약은 당일의 전력 생산과 판매에 대한 것이고, 또 다른 계약은 장기적 관점에서 체결된다.* 그러므로 전력회사의 매출과 수익을 담당하는 사업 부서는 발전소 운영 담당 부서에서 각종 단기 계약과 장기 계약의 내용과 흐름을 실시간으로 파악할 필요가 있다. (반대로 운영 부서는 사업 부서에서 사업 계획을 통보받아야 한다.) 여기에 틈새가 있어서, 겁 없는 해커라면 회사 내부 네트워크에 침투해 직

*미국에는 여러 전력회사가 있으며 우리나라의 도시가스 회사처럼 모두 민간기업이다.

원의 이름과 패스워드를 알아낸 뒤 다른 부서에 접근을 시도할 수도 있다.

또 다른 침투 방법은 파일에 따라붙는 스크립트(script)라 불리는 작은 프로그램을 이용하는 것이다. 스크립트는 PDF 파일에도 화면 표시 설정용으로 들어 있는 등 아주 흔하게 사용되지만 그 때문에 잠재적 위험 요소가 되기도 한다. 한 컴퓨터 보안회사는 목표가 정해진 해킹 공격의 60퍼센트 이상이 PDF 파일의 스크립트를 이용해서 이루어졌다고 추정하기도 했다. 이처럼 문제가 있는 파일이나 깨진 파일을 열어보는 것만으로도 해커가 컴퓨터에 침투할 수 있는 것이다.

이런 상황도 가능하다. 전력망에 침투하려는 해커가 일단 전력회사에 소프트웨어를 공급하는 회사의 웹사이트에 침투해서 웹사이트에 게재된 설명서를 정교하게 만든 가짜로 바꿔치기한다. 그런 뒤에 전력회사의 담당자에게 위조 이메일을 보내어 해킹 소프트웨어가 숨어 있는 설명서를 새로 다운로드하라고 지시한다. 담당자는 온라인으로 소프트웨어 설명서를 다운로드하는 것만으로도 숨어 있는 해킹 프로그램이 트로이목마처럼 회사 안으로 들어오도록 성문을 열어주는 셈이다. 일단 해킹 소프트웨어가 회사 내부에 들어오기만 하면, 공격은 이미 시작된 것이다.

해커의 소프트웨어만으로도 전력망 공격이 가능하다

전력망 제어 시스템에 해커가 침투해서 위조된 명령을 내리면 피해가 막대할 수도 있다. 미국국토안보부(Department of Homeland Security, DHS)는 2007년

1-2

아이다호국립연구소(Idaho National Laboratory, INL)에서 사이버공격에 대비한 오로라(Aurora) 훈련을 실시했는데, 해커 임무를 맡은 직원은 중형 발전기에 연결된 제어 시스템에 접근하는 데 성공했다. 미국의 발전기는 어느 것이나 매 초당 극성이 60번 바뀌는 교류 전기를 생산한다. 전기가 흐르는 방향이 1초에 60번씩 바뀌는 것이다. 그러므로 전력망에 연결된 모든 발전기는 동시에 같은 방향으로 흐르는 전기를 만들도록 움직임이 일치해야만 한다.

해커를 맡은 직원은 연구소 발전기에 연결된 회로 차단기가 계속 켜졌다 꺼졌다를 반복하도록 만들었다. 이 때문에 이 발전기는 전력망에 연결된 다른 발전기와 움직임을 맞추지 못하게 되었고, 따라서 이 발전기 혼자서 나머지 발전기와는 반대 방향의 전기를 만들어내게 되었다. 그 결과 발전기의 동작에 무리가 와서 결국 고장이 나고 만다. 공개된 동영상을 보면 거대한 발전기에서 마치 기차가 건물에 부딪힐 때나 일어남 직한 진동이 발생하는 것을 알 수 있으며, 불과 몇 초 후 발전실은 연기와 증기로 가득 차고 만다.

원심분리기가 너무 빨리 돌면 분해되는 것처럼 산업용 장비는 기계적인 동작 한계를 넘어서면 고장이 나게 마련이다. 해커가 이런 특성을 노리고 발전기가, 송전선이 감당할 수 없는 양의 전기를 만들어내게 할 수도 있다. 송전선에 용량을 초과한 전기가 흐르면 초과분은 열의 형태로 방출되므로 이 상태가 지속되면 뜨거워진 전선은 점점 늘어지다가 결국 녹아서 끊어지고 만다. 전선이 처지는 과정에서 나무나 간판, 건물 등과 닿으면 대규모 합선이 일어난다.

이런 합선 사고에 대비해서 릴레이(relay)라는 부품이 쓰이는데 사이버공격은 릴레이의 동작도 방해할 수가 있다. 이렇게 되면 피해를 입을 수밖에 없다. 게다가 해커는 전력회사의 제어 시스템에 거짓정보를 전해서 전력회사로 하여금 사고가 난 것을 눈치채지 못하게 만들 수도 있다. 영화에 흔히 나오는, 도둑이 CCTV에 거짓 화면이 보이도록 하는 장면처럼…….

중앙관제실과 변전소의 데이터 통신은 별도로 정해진 규약에 따르게 되어 있는데, 여기에도 허점이 있다. 만약 해커가 직접 통신망에 파고드는 데 성공한다면 통신망에서 오가는 메시지에 거짓정보를 끼워 넣든가, 메시지를 알아볼 수 없게 만들어 양쪽 컴퓨터를 무력화할 수 있다. 아니면 컴퓨터들이 오동작하도록 만드는 정교한 허위 메시지를 보내는 방법도 있다.

또한 단순히 중앙관제실과 변전소가 주고받는 메시지의 전송 속도를 늦추는 수법도 있다. 보통은 모든 변전소에서 측정한 전기 소비량이 중앙관제실에 전해진 뒤 이를 합산해서 전체 전력 소비량이 계산될 때까지의 시간 지연이 아주 미미하다. 그렇지 않다면 마치 10초 전에 본 장면에 의지해서 차를 운전하는 것과 다를 바 없을 것이다. (이 시간 차이가 2003년 미국 북동부 지역을 강타한 대정전 사태의 원인 가운데 하나였다.)

이런 해킹을 하는 데는 스턱스넷같이 고도의 기술이 필요한 소프트웨어가 아니라, 그저 해커라면 누구나 가지고 있을 법한 소프트웨어 정도면 충분하다. 일례로 종종 해커들이 일반 PC 몇천 대 혹은 몇백만 대를 공격해서 PC가 자신의 통제에 들어오게 하는 봇넷(botnet)의* 경우를 보자. 가장 간단한

*공격에 의해서 감염되어 통제권이 해커에게 넘어간 컴퓨터들을 가리킴.

공격 방법은 평범한 웹사이트에 엄청난 양의 허위 메시지를 보내어 이를 처리하느라 정상적인 정보의 흐름이 늦어지거나 막히도록 하는 것이다. 서비스 거부(denial of service, DoS)라고 불리는 이 방법을 전력망 공격에 활용하면 중앙 관제실과 변전소 사이의 정보 전달 속도를 현저히 떨어지게 만들 수 있다.

또한 봇넷은 변전소 컴퓨터에 파고들 수도 있다. 2009년에는 컨피커(Conficker)라는 이름을 가진 봇넷에 컴퓨터 천만 대가 감염된 적도 있다. 범인은 밝혀지지 않았고 그가 마음만 먹었다면 감염된 PC들의 모든 하드디스크를 지워버릴 수도 있었다. 전력망의 컴퓨터가 일단 컨피커에 감염되면, 컴퓨터는 해커의 지시에 따라서 어떤 명령이든 수행하게 된다. 2004년에 펜실베이니아대학과 국립신재생에너지연구소(National Renewable Energy Laboratory, NREL)가 공동으로 시행한 연구에 따르면 송전용 변전소의 일부 컴퓨터, 즉 약 2퍼센트 정도 되는 200대만 동작 불능 상태에 빠져도 전체 전력 공급이 60퍼센트 수준으로 떨어질 것이라고 한다. 미국 전역의 전력망을 무력화하려면 8퍼센트의 컴퓨터만 동작 불능 상태로 만들면 된다.

전력망 보안 확보, 아직 늦지 않았다

보통 마이크로소프트사(Microsoft)는 윈도우에 보안상 허점이 있다는 것을 발견하면 이를 보완하는 새로운 소프트웨어를 배포한다. 그러면 전 세계 개인과 기업의 정보 담당 부서는 이를 다운로드해서 설치함으로써 컴퓨터를 안전하게 보호한다. 하지만 안타깝게도 전력망에서는 이런 식의 대처가 불가능하다.

전력망도 여느 분야와 마찬가지로 특별할 것 없는 컴퓨터와 일반적 소프트웨어를 이용해서 관리되지만, 전력회사의 IT 담당자는 새로운 소프트웨어를 아무 때나 설치할 수가 없다. 전력망을 관리하는 컴퓨터는 항상 작동하고 있어야 하기에, 유지 보수를 위해서 매주 몇 시간씩 꺼놓을 수가 없기 때문이다. 전통적으로 전력회사는 매우 보수적인 방식으로 움직인다. 촘촘히 짜인 제어망은 이미 몇십 년 전부터 운영되고 있고, 실무 관리자들은 예전부터 이어져 온 업무 스타일에 익숙할 수밖에 없다. 전력회사 직원이라면 정상적인 전력망 운용에 조금이라도 방해가 되는 일은 하지 않으려 하는데 이러한 태도는 지극히 당연한 것이다.

미국과 캐나다의 모든 전력회사를 통제하고 관리하는 북미전력안전회사(North American Electric Reliability Corporation, NERC)는 충분히 예상할 수 있는 공격이나 사고에서 관련 주요 시설을 보호하기 위해 모든 전력회사가 수행해야 할 지침을 정해놓았다. 이에 따라 전력회사는 북미전력안전회사가 임명한 감사관에게 자신들의 주요한 시설이 비정상적 접근이나 침입에 안전한 상태임을 입증해야만 한다.

하지만 보안 평가란 재무감사와 마찬가지여서, 철저하게 수행되기가 굉장히 어렵다. 기술적으로 세세한 부분까지 파고들면 모든 것을 다 확인할 수 없게 되므로 결국 선택적으로 일부만 확인하게 된다. 규정에 적합한지 아닌지는 결국 감사관의 판단에 의존할 수밖에 없다.

전력망 보안에서 가장 흔히 쓰이는 방법은 마치 마지노선(Maginot Line)처럼* 전기적인 방어막을 설치하는 것이다. 첫 번째 방어막은 방화벽(firewall)으로,** 모든 정보가 통과하는 통로에 설치된다. 모든 메시지에는 첫 부분에 발신자와 수신자, 그리고 메시지가 어떤 규칙에 의해서 적혀 있는지를 알려주는 내용이 담겨 있다. 방화벽은 이 내용을 살펴보고 드나드는 메시지를 통과시킬지 말지를 판단한다. 전력회사의 전산망에서 사용되는 방화벽이 규정대로 설치되고 운용되는지를 확인하는 것도 감사관의 기본 업무 가운데 하나다. 통상적으로 감사관들은 몇몇 중요 설비의 방화벽 파일을 면밀히 살피고, 해커가 파고들 틈이 없는지를 직접 확인한다.

*2차 대전 때 프랑스군이 만들었던 방어선으로, 독일군은 마지노선을 우회하여 프랑스를 공격함으로써 이를 무용지물로 만들어버렸다.

**건물의 화재가 건물 내부의 다른 곳으로 번지지 못하도록 통로를 막는 벽에서 따온 이름.

하지만 방화벽 프로그램은 감사관이 직접 모든 부분을 다 확인해보기에는 너무 복잡하므로 자동화된 테스트 소프트웨어를 쓰기도 한다. 이미 많은 전력회사와 감사기관에서는 일리노이주립대학 연구팀이 개발한 네트워크 접근성 시험도구(Network Access Policy Tool)를 사용하고 있다. 이 소프트웨어를 이용하면 방화벽의 설정 파일만 가지고도 네트워크에 직접 연결하지 않은 상태에서 방화벽의 기능을 검사할 수 있다. 덕택에 이제껏 알려지지 않았거나, 잊혔던 방화벽의 허점들이 여럿 발견되었다.

미국 에너지부는 2015년까지 전력망의 보안수준을 개선할 계획을 내놓은 바 있다. (2011년 발표된 개정안에 따르면 예정 기한이 2020년으로 연기되었다.) 이

계획의 핵심은 외부에서 침입이 있을 때 이를 자동적으로 감지하고 대응하는 체계를 구축하는 것이다. 이런 방식을 이용하면 스턱스넷처럼 USB 메모리를 이용해서 침입하는 경우도 효과적으로 막을 수 있다. 하지만 컴퓨터 운영체제가 어떤 프로그램이 진짜고 어떤 게 가짜인지 어떻게 알 수 있을까?

이를 해결하는 방법 가운데 하나는 해시함수(hash function)라는 암호화 기술을 이용하는 것이다. 해시함수는 굉장히 큰 수, 즉 몇백만 자리의 2진수로 이루어진 컴퓨터 프로그램을 훨씬 작은 숫자인 해시값(hash value)으로 바꿔준다. 대체로 프로그램의 크기가 매우 크기 때문에 서로 다른 프로그램이 같은 해시값을 갖는 경우는 드물다. 운영체제는 실행될 프로그램의 내용을 모두 확인하지 않고, 각 프로그램의 해시값만을 확인한 후 자신이 가지고 있는 실행 가능한 프로그램의 해시값 목록과 비교해서 실행 여부를 결정한다. 이 단계를 통과하지 못하면 가짜 프로그램인 것이다.

미국 에너지부는 (직원 신분증에 무선 칩을 내장하는 등) 직원들의 신분을 더욱더 철저히 확인하는 직접적 보안 대책도 내놓았다. 또한 이 대책은 전력망 내 컴퓨터 사이에서의 통신을 더욱더 철저하게 관리하는 내용도 담고 있다. 2007년 오로라 훈련에서는 해커가 보낸 명령을 발전기에서 정상적인 명령으로 판단하는 사례가 있었고, 결국 발전기가 손상되는 결과에 이르고 말았다.

이런 대책이 모두 적용되기까지는 시간과 비용, 적지 않은 노력이 필요할 것이다. 에너지부의 계획대로 몇 년 이내에 전력망의 보안을 확보하려면 상당히 서둘러야 하지만, 다행히도 아직 늦지는 않았다.

해커가 노리는 틈새

현대의 전력망은 사회가 필요로 하는 전기의 양과 발전소에서 생산되는 전기의 양 사이에서 복잡한 균형을 이루고 있다. 전기가 몇백 킬로미터가 넘는 거리까지 무사히 전달되려면 십여 가지 요소들이 조화롭게 작동해야만 한다. 전력망을 노리는 해커들은 이들 중 어떤 것이라도 목표물로 삼을 수 있다. 가장 치명적인 상황과 이에 대한 대책들을 살펴보자.

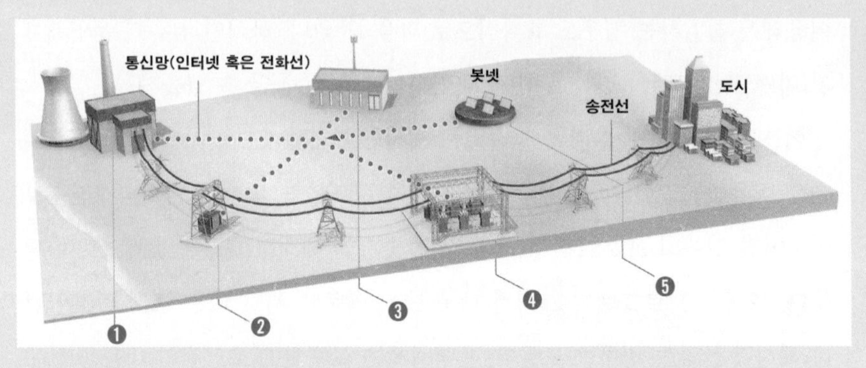

❶ 발전소(Generating station)

미국의 전력망에 공급되는 전기는 발전 방법에 관계없이 모두 60헤르츠 주파수에 맞추어 동일하게 주입되어야 한다. 해커가 특정 발전기에 반 박자 늦게 전기를 생산하도록 명령을 보내는 것은 마치 고속도로를 달리는 자동차가 후진 기어를 넣도록 하는 것과 마찬가지다. 이렇게 되면 자동차건 발전기건 연기를 내뿜으며 망가지는 것은 당연한 일이다.

❷ 송전용 변전소(Transmission substation)

발전소에서는 송전 과정에서의 손실을 가급적 줄이기 위해서 엄청난 고압전기를 생산하며, 송전용 변전소는 이 전압을 낮추는 일을 한다. 오래된 변전소에는 전화선을 통해서 유지 보수가 가능하도록 원격 제어 설비가 구축되어 있으며 해커는 전화선을 통해서 변전소의 중요 장비에 접근하고 이를 조작할 수 있다.

❸ 중앙관제실(Control station)

전력망의 두뇌인 중앙관제실은 전체 망을 철저하게 감시한다. 또한 전기 수요와 공급의 균형이 맞춰지는 곳이기도 하다. 전기 수요가 늘어나면 가격이 따라 오르게 되고, 전력회사는 발전량을 늘린다. 중앙관제실 운영 부서는 인터넷에 직접 연결되어 있지 않아도 사업 부서는 연결되어 있으므로 해커는 일단 사업 부서를 통해서 전력회사에 침투한 뒤에 중앙관제실을 거쳐 중요 제어 시스템까지 도달할 수 있다.

❹ 배전용 변전소(Distribution substation)

전기가 가정이나 기업에 전달되는 마지막 단계인 배전용 변전소에서는 몇몇 발전소에서 전송된 전기를 받은 후 이를 나누어 다시 여러 가입자에게 보내준다. 최근에 지어진 변전소는 와이파이 같은 무선망을 이용해서 장비를 조작할 수 있도록 되어 있다. 따라서 해커가 변전소 주위에서 무선망에 침투해 거짓 명령을 보낼 위험성이 있다.

❺ 정보 전달(Information connections)

중앙관제실이 전력 생산과 전송의 모든 부문에서 상황을 즉시 파악하고 있어야 현장에서는 어떤 대책을 실행에 옮길지 결정할 수 있다. 흔히 봇넷이라 불리는 일반 PC 몇천 대를 휘하에 둔 해커는 이를 이용해서 인터넷상의 데이터 흐름을 멈출 만큼 많은 양의 허위 메시지를 만들어낼 수 있다. 이런 공격(DoS)이 전력망에 가해지면 중앙관제실은 과거의 정보에 의존해서 움직여야 하는데 이는 마치 10초 전에 본 장면에 의지해서 자동차를 운전하는 것과 같다고 할 수 있다.

1-3 코드 레드의 습격

캐럴린 마이넬 Carolyn P. Meinel

공기를 통해서 급속하게 확산되고, 들이마시기만 해도 건강한 사람을 감염시키며, 일단 감염되면 죽음에 이르게 하는 감기가 있다고 가정하자. 이에 대한 유일한 대책은 공기를 완벽하게 차단하는 것일 테지만 현실적으로 가능하지 않은 방법이다.

버지니아 주 알링턴에 있는 정보 추출 및 전송사(Information Extraction & Transport) 수석 연구원 제인 요르겐센(Jane Jorgensen)은 미국방위고등연구계획국에서 인터넷 감염에 관한 연구를 위탁받아 수행 중인데 연구 대상은 생명을 위협하는 질병이 아니라 인터넷에서 퍼지며 컴퓨터에 문제를 일으키는 컴퓨터 질병이다. 일례로, 2001년 7~8월에 일어난 사건은 과거 어느 때보다도 많은 보안 전문가들에게 큰 우려를 자아냈다. 이 사건의 주인공은 코드 레드(Code Red)라는 이름의 웜으로, 쉽게 말해 이 웜이 컴퓨터를 조금씩 갉아먹는 병을 유발한 셈이었다. 공격 대상은 마이크로소프트사의 인터넷정보시스템(Internet Information System, IIS)이라는 소프트웨어였다. IIS는 가정용 컴퓨터에서는 쓰이지 않지만 대부분의 웹사이트는 IIS를 이용해서 운영된다. 시간이 지남에 따라 코드 레드의 확산은 주춤해졌지만, IIS가 설치된 전 세계 600만 대 이상의 컴퓨터에 보완 조치를 하고 피해를 수습하느라 그 후에도 몇십 억 달러나 비용이 소모되었다.

1-3

그러나 시스템 관리자와 관련 전문가들이 진짜로 우려한 것은 코드 레드 웜이 이보다 훨씬 심각한 공격의 예고편에 불과할지도 모른다는 점이었다. 이전까지는 인터넷 공격의 형태가 개인이 특정 사이트를 목표로 한 것으로, 쉽게 말하면 목표물에 전단지를 뿌리는 것과 다름없었다. 하지만 이제 전문가들은 전 세계 인터넷망을 무력화할 수도 있는 자동화된 형태의 공격 방법이 탄생할 가능성을 염두에 두어야만 했다.

한 발 더 나아가, 코드 레드를 특정 국가가 전쟁시 인터넷을 망가뜨리려는 목적으로 만든 웜을 시험해보는 것이라고 여기는 일부 전문가들도 있었다. 이런 생각이 전혀 허황되지 않다는 것이 2001년, 미국 정찰기와 중국 전투기 충돌 사건 이후 온라인에서 벌어졌던 분쟁에서 잘 드러난다. 전면적 사이버전쟁이 일어난다면 산업화된 국가들은 돌이킬 수 없는 피해를 입을 수가 있다. 사이버공격에서 은밀하게 이루어지는 방법 중에는 개인의 PC를 자신의 지령에 따라 움직이는 존재로 만듦으로써 대 혼란을 야기하는 도구로 쓰는 수법이 있다.

사이버전쟁의 공격 규모와 지속 기간을 제외하고 말한다면, 개인이 저지르는 해킹과 국가가 나서서 행하는 사이버전쟁은 인터넷 세계를 무너뜨리려 한다는 점에서 동전의 양면과도 같다고 할 수 있다. 안타깝지만, 두 행위의 근본적 차이가 무엇인지 분명히 말하기는 어렵다.

코드 레드는 보통 바이러스로 불리지만, 정확히는 멜리사(Melissa)나 서캠(SirCam) 등과 함께 웜으로 분류된다. 소프트웨어 바이러스는, 바이러스라는 의학 용어가 의미하듯 자신이 활동하기 위해 기대야 할 숙주를 필요로 한다. 반면 웜은 다른 프로그램의 존재와 무관하게 스스로 활동할 수 있다는 점에서 바이러스와 구분된다. 따라서 컴퓨터는 바이러스보다 웜에 훨씬 쉽게 감염된다. 코드 레드 웜에는 인터넷 통신량을 감당할 수 없는 수준까지 폭증시키는 기법인 분산 서비스 거부(distributed denial of service, DDoS) 기능이 담겨 있으므로 이는 특히 위험한 존재다.

코드 레드의 활동이 절정에 달하던 시기, 이 웜이 만들어낸 통신량 때문에 인터넷에 상당한 문제가 발생했다. 미국 정부의 전산망을 컴퓨터 범죄에서 보호하기 위한 과제에 참여 중인 버지니아 주 스프링필드 FC 비즈니스시스템즈사(FC Business Systems) 수석 보안 엔지니어 그레고리 팩(Greggory Peck)은 "사이버전투에서는 통신 용량이 곧 무기"라고 말한다. DDoS 방식의 공격은, 바이러스나 웜에 감염됨으로써 해커의 통제에 놓이게 된 수많은 컴퓨터들이 해커가 지정한 목표에 수없이 접속을 시도함으로써 통신 용량을 모두 소진해 버리도록 만든다. 이런 방법은 2000년 야후(yahoo)와 이베이(eBay)를 비롯한 몇몇 인터넷 기업의 서비스가 정상적으로 이루어지지 않음으로써 처음 세상에 알려졌다.

초기의 DDoS 공격은 보통 감염된 컴퓨터 몇백 대, 기껏해야 몇천 대를 이용해서 이루어졌다. 그때만 해도 해커들이 감염시킬 대상 PC를 하나씩 직접 뚫어야 했던 까닭이다. 하지만 코드 레드는 웜이기 때문에 자동으로 스스로를 복제할 수 있으므로 이를 통해 감염되는 컴퓨터의 수는 기하급수적으로 늘어난다. 결국 해커가 통제하는 감염된 PC가 몇백 배 이상 많아지고, 마찬가지로 공격능력도 증대되어 그 결과 통신 용량이 포화될 정도로 위력이 강해진다.

처음에는 코드 레드 확산이 아주 느렸다. 코드 레드는 처음 발견된 2001년 7월 12일 이후 5일 동안, 50만 대에 이르는 IIS 컴퓨터 서버 중에서 고작 2만 대에만 공격을 가했을 뿐이다. 그리고 5일이 채 되기 전, 캘리포니아 주 알리소 비에호에 있는, 마이크로소프트사에 서버용 보안 소프트웨어를 공급하는 디지털시큐리티사(Digital Security) 라이언 퍼메흐(Ryan Permeh)와 마크 메이프럿(Marc Maiffret)이 이를 발견함으로써 전 세계가 코드 레드의 존재를 알게 되었다.

이 웜은 7월 19일이 되자 더욱 위협적인 모습을 드러냈다. 캘리포니아 주 라 호야에 위치한 민관 합동 조직으로 인터넷 서버의 현황을 감시하는 인터넷데이터분석협회(Cooperative Association for Internet Data Analysis, CAIDA) 수석 기술 담당관 데이비드 무어(David Moore)의 말이다. "14시간 만에 35만 9,000대 이상의 서버가 코드 레드에 감염되었습니다." 감염된 컴퓨터가 다른 컴퓨터까지 감염시키면서 인터넷 통신량을 급격히 증가시키자 인터넷 통신은 금방 포화 상태가 되었다. 오후가 되자 인터넷 보안업계의 감시탑 같은 곳인 incidents.org 사이트의 인터넷스톰센터(Internet Storm Center, ISC)가 '오렌지 경보(orange alert)'를 내렸다. 이 경보는 전체 시스템이 동작 불능 상태일 때 발효하는 '적색 경보(red alert)' 바로 아래 단계다.

곧이어 자정이 되자 코드 레드에 감염된 컴퓨터들이 다른 컴퓨터를 감염시키는 움직임을 중단했다. 대신 감염된 컴퓨터들 모두 백악관 웹사이트를 관리하던 서버를 향해 일제히 접속을 시도했고 서버가 동작 불능 상태에 빠질 지경에 이른다. 백악관과 함께 사태 해결 방법을 찾는 작업을 했던 네트워크 어소시에이츠맥아피사(Network Associates McAfee) 지미 쿠오(Jimmy Kuo)에 따르면 백악관 측의 대응은 한마디로 DNS 서버 두 대 중 하나를 정지시켜 whitehouse.gov에 대한 모든 접속 요청을 한곳으로 모는 것이었다. 결국 시스템 운영 담당자가 한 일은 모든 접속 요청을 가져다 제대로 동작하지 않는 서버에 퍼부어버린 것이다. 코드 레드는 정상적으로 운영되지도 않는 컴퓨터를 공격한 셈이다. "정상적인 요청은 다른 서버에 전달되었으므로 아마도 일반인들은 전혀 눈치채지 못했을 것입니다." 쿠오의 말이다.

코드 레드는 정해진 시간이 되면 자동적으로 무한정 대기 상태가 되도록 만들어졌고 그 날짜는 7월 20일이었다. 또한 (전원이 꺼지면 내용이 지워지는) 컴퓨터의 RAM 영역에 자리 잡도록 만들어졌기에 단순히 컴퓨터를 껐다가 켜는 것만으로 코드 레드의 흔적을 완전히 지울 수 있었다. 사태는 이렇게 마무리되는 듯했다.

그런데 정말 해결된 것이었을까? 며칠 후 이아이사(eEye)가 발표한 분석 결과에 따르면 코드 레드는 매달 1~19일(코드 레드 최초 제작자가 정한 날짜) 가운데 어떤 날이라도 누군가 새로 코드 레드를 퍼뜨리면 언제든 활동을 개시할 수 있게끔 만들어져 있었다.

이후 10일 이상 컴퓨터 보안 관련자들이 자원해서 마이크로소프트 IIS를 이용하는 서버 관리자들에게 해당 서버의 취약점을 일일이 통보해주었다. 7월 29일, 백악관은 기자회견을 열고 IIS 서버 사용자들에게 코드 레드 공격에 대항해서 서버를 방어하라고 촉구했다. 미국연방수사국(FBI)의 국가기간시설보호센터(National Infrastructure Protection Center, NIPC) 책임자 딕(L. Dick)은 "웜이 만들어내는 엄청난 양의 통신량 때문에 인터넷이 제대로 기능하지 못할 수도 있습니다"라고 이야기한다. 바로 다음날이 되자 뉴스는 온통 코드 레드 관련 기사로 뒤덮였다.

예상대로 두 번째 코드 레드 공격이 있었지만, 공격의 강도는 첫 번째에 미치지 못했다. 8월 1일이 되자 공격에 취약한 상태로 남아 있던 서버 17만 5,000대 대부분이 감염되었지만 첫 공격 때 감염된 수에 비하면 절반에 불과했다. 감염 속도도 느리고 감염시킬 수 있는 서버 수 자체가 적었기 때문에 인터넷의 피해는 그리 크지 않았다. 얼마 뒤, 두 번째 공격도 진정된다.

하지만 그것이 끝은 아니었다. 코드 레드와 동일한 침투 방법을 쓰는 또 다른 웜이 8월 4일 활동을 개시했다. 새 웜은 코드 레드 II(Code Red II)로 불렸는데, 여기에는 서버 관리자가 눈치채지 못하는 가운데 해커가 마음대로 감염된 컴퓨터를 조작할 수 있도록 만들어주는 기능, 즉 뒷문(backdoor)이 숨어 있었다. 이 웜은 내부망에 통신 데이터를 마구 쏟아내는 'ARP 폭풍(arp storms)'이라는 기법으로 내부 전산망의 속도를 낮추면서 새로운 먹잇감을 찾도록 만들어져 있었다. 곧이어 코드 레드 II는 인터넷 이메일 서비스인 핫메일(Hotmail)을 비롯해 여러 인터넷 서비스 업체, AP 통신사의 뉴스 배포 시스템 일부를 동작 불능 상태로 만들었다. 좀 더 시간이 흐른 후에 많은 대학과 기업의 내부 전산망도 감염된다. 8월 중순에는 홍콩 정부의 전산망 일부가 멈추는 지경에 이른다. 가장 많이 감염된 종류는 Windows 2000 Professional 운영체제를 이용해서 운영되는 개인 웹서버들이었다. 이러한 사태로 인해 incidents.org는 다시 한번 오렌지 경보를 발효했다. 전문가들은 대략 50만 대의 서버가 피해를 입었을 것으로 보았다.

8월 중순, 보안 관련 연구회사 컴퓨터이코노믹사(Computer Economics)는 코드 레드로 인한 피해가 20억 달러에 이른다는 분석 결과를 발표했다. 최종적으로 사태가 마무리될 때까지의 피해액은 역사상 몇 손가락 안에 들 것으로 예상되었다. 2000년 러브레터(LoveLetter) 바이러스와 1999년 멜리사 웜 공격을 막는 데 든 비용은 각각 90억 달러와 10억 달러였다.

물론 코드 레드 말고도 많은 웜이 존재한다. 이중 몇몇은 가정용 PC를 노린다. PC가 W32/Leave 웜이라고 불리는 웜에 감염되면, 해커는 감염된 모든 PC가 자신이 원하는 동작을 동시에 하도록 원격으로 조종해서 더욱 효과적인 공격을 가할 수 있다. (코드 레드 II도 비슷한 기능이 있지만 원격조종은 할 수 없다.) 미국 정부의 지원을 받아 운영되는, 카네기멜론대학에 있는 컴퓨터비상대응팀(Computer Emergency Response Team, CERT)에는 2만 3,000건이 넘는 W32/Leave 웜 감염 사례가 보고되기도 했다. 현재까지 얼마나 많은 컴퓨터가 감염되었는지는 불분명하지만, W32/Leave 웜이 계속 퍼져나갈 것은 분명하다.* 2001년 7월, 영국 스코틀랜드 법원은 W32/Leave 웜을 이용한 사기

죄로 기소된, 신원이 밝혀지지 않은 24세 남성에게 유죄판결을 내리기도 했다.

*현재는 모든 바이러스 방지 및 치료 소프트웨어가 이 바이러스에 대한 대응능력을 갖고 있다.

컴퓨터 분석 분야에 있어 권위자이자 텍사스 주 오스틴에 있는 텍사스주립대학 경영대학원 부원장인 래리 레이브록(Larry Leibrock)은 이렇게 말한다. "거의 모든 컴퓨터에 탑재된 운영체제에는 제조사도 알고 있는 취약점이 있습니다. 해커들이 그걸 파고드는 것입니다." 또한 향후에는 "연방정부가 운영체제 제조사로 하여금 소비자에게 연락해서 소프트웨어를 업그레이드하게 하고, 보안상의 약점 보완에 책임을 지게 하는 방향으로 나아갈 것"이라는 언급도 빼놓지 않았다. 마지막으로 그는 "현재로서는 해커들이 소비자의 컴퓨터에 파고드는 허점을 소비자가 찾아내고 수정하는 수밖에 없습니다"라고 덧붙였다.

전 세계를 무대로 펼쳐지는 사이버전쟁

해커들이 만들어낸 악성 프로그램보다 인터넷에 더 위협이 되는 일은 뛰어난 재능을 가진 해커들이 조직적으로 가하는 공격으로, 이런 사건들은 국제적 문제로 번지기도 한다. 2001년 4월 중국 전투기와 미해군 EP-3E 정찰기 충돌 사건으로 드러난 사이버전투의 사례를 통해 이런 싸움이 어떤 식으로 진행되는지 조금이나마 엿볼 수 있다.

언론에 따르면, 이 사건으로 포로가 된 미군의 송환 협상이 교착 상태에 빠졌을 때 해커들 간의 전투가 시작되었다고 한다. 4월 9일과 10일, 미국 해커들이 중국 웹사이트 두 군데를 해킹한다. 이들은 중국을 모욕하고 심지어 핵 전쟁 위협을 가하기도 했다. 그다음 주에는 또 다른 중국 웹사이트 10여 군데를 공격했다. 중국 해커들은 미해군 웹사이트 한 곳을 공격하는 것으로 이에 화답했다.

그런데 중국은 다른 방식의 반격을 시도한다. 이미 3월 하순에 국가기간시설보호센터는 중국홍객연맹(Honkers Union of China, H.U.C.)이라는 해커 그룹을 설립한 해커가 만든 것으로 추정되는 1i0n 웜 경보를 내린 바 있었다. 코드 레드에 감염되었던 컴퓨터들이 미리 입력된 명령만 수행하던 것과는 달리, 1i0n에 감염된 컴퓨터는 중앙 컴퓨터의 명령을 받아서 움직였다. 또한 이 웜은 리눅스 운영체제를 쓰는 컴퓨터에도 침투했는데, 이는 실질적으로 인터넷에 연결된 어떤 컴퓨터도 공격 대상이 될 수 있음을 의미하며, 이러한 특성 때문에 감염된 서버를 추적하기가 어려워졌다.

그동안 미국 측 해커도 점차 공격 강도를 높여갔다. 중국 관영《인민일보》는 "4월 말까지 600군데가 넘는 중국 웹사이트가 공격으로 인한 피해를 입었다"고 보도했다. 반면 중국 해커들은 같은 기간 동안 미국 사이트 단 세 군데를 공격하는 데 그쳤다.

이후 며칠 동안 H.U.C., Redcrack, China Net Force, China Tianyu, Redhackers 같은 10여 개 중국 해커 그룹이 미국 웹사이트를 해킹해서 "중국을 무시하는 자들을 공격하라!(Attack anti-Chinese arrogance!)"라는 문구가 표시되도록 만들었다. 5월 1일에는 DDoS 공격이 여러 건 시작되었다. 그다음 주까지 중국 해커들은 약 1,000개의 미국 웹사이트에 추가적으로 피해를 입힌 것으로 보인다.

5월 7일, 중국 정부는 DDoS 공격의 책임을 인정했고《인민일보》에는 화해를 제안하는 기사가 실렸다. "중국 해커들도 비이성적 행동을 멈추고, 국가 건설과 세계 평화 수호에 열정을 쏟아야 한다"고 주장하는 기사였다.

FBI의 국가기간시설보호센터가 "해커들은 점점 더 미국의 국가 시스템을 목표로 할 가능성이 높다"고 지적했음에도 미국 사법당국과 백악관, 미국 해커 조직은 이 사이버전투의 미국 측 대응에 대해 아무런 부인도 하지 않았다.

해커와 미국 정부의 관계는?

몇몇 분석가들은 미군 정찰기 사건 이후 미국 해커들이 미국 정부의 지원을 받아서 움직인 것이 아닌가 의심하기도 했다. 실제 미국 정부는 이란-콘트라 사건에서* 드러났듯이 은밀한 작전 수행을 위해서 민간인을 이용한 전례가 있다. 미국 정부와 해커 그룹 간에 연결 고리가 있다는 보도도 있다. 그것이 사실이라고 해도 해커와 미국 정부의 관계가 어느 정도 수준인지 파악하기는 매우 어렵다. 정체를 감추는 해커 집단의 특성상 정부에 대놓고 협조한다는 건 생각하기 어려운 일이다. 미국국가안전보장국(National Security Agency, NSA)과 국방부 사이버전쟁 담당 부서가 인터넷 보안 관련 문

*1986년 미중앙정보국CIA이 당시 적성국이던 이란에 무기를 몰래 판매하고 받은 돈으로 니카라과의 우익 반군 콘트라를 지원했던 사건으로 미국 내에서 커다란 정치적 파장을 불러왔다.

제에 대해서는 논평을 하지 않는다는 공식적 관점을 유지하고 있으므로, 해커와 정부의 관계를 알 길은 없다. 하지만 몇 가지 단서는 있다.

지금은 컴퓨터 컨설턴트로 활동하고 있는 프레드 빌렐라(Fred Villella)의 사례를 살펴보자. 각종 언론 보도와 스스로 증언한 바에 따르면 그는 1970년대 대對 테러 활동에 참여했다. 또한 1996년에는 Dis Org Crew라는 해커 집단에 속한 해커들을 고용해서 미국 연방기관들에 해커의 공격에 대한 교육을 실시했다고 한다. 이 단체는 세계 최대의 연례 해커 모임인 데프콘(Def Con)을 조직하는 데도 참여했다.

해커들 사이에서 야생마 길들이기 달인(Bronc Buster)으로 알려진 에릭 지노리오(Erik Ginorio)는 1998년 중국 정부의 인권 관련 웹사이트를 해킹한 것으로 추정되는 인물이다. 하지만 이 공격은 미국 법에 따르면 불법이었다. 지노리오는 기소되지 않았을 뿐 아니라, 빌렐라에게 일자리를 제안받기도 했다. 빌렐라는 이에 대한 질문에 아무런 답변도 하지 않았다.

캘리포니아 주 새너제이에 있는 시큐어컴퓨팅사(Secure Computing)가 1996년에 데프콘 행사를 지원한 것도 해커와 정부의 또 다른 연결 사례다. 미국 증권위원회에 제출된 연례 보고서에 따르면 이 회사는 미국의 극비 암호해독 및 감시기관인 미국국가안전보장국 지침에 따라 설립된 것으로 되어 있다. 설립 2년 뒤, 시큐어컴퓨팅사는 데프콘 소유주 제프 모스(Jeff Moss)를 고용했고 빌렐라와 함께 일했던 여러 사람도 데프콘 운영에 참여하고 있다.

데프콘에서는 의심스러운 일도 가끔 일어난다. 일례로 1999년에 열린 데프콘에서는 텍사스 주 러벅에 본부를 둔 해커 그룹 Cult of the Dead Cow가 자신들이 만든 해킹 프로그램 Back Orifice 2000을 언론에 공개했다. 이들은 이 프로그램을 이용하면 여덟 살짜리 어린이도 윈도우 서버를 해킹할 수 있다면서 "세상을 바꾸는 해킹"의 가치를 외쳤다.

한편 보스턴 지역에서 활동하는 해커이자 기업가이면서 이 그룹의 회원이기도 한 피터 샷코(Pieter Zatko)도 Back Orifice 2000의 성능을 향상시키는 추가 소프트웨어를 홍보하려고 연단에 섰다. Cult of the Dead Cow 웹사이트에 따르면 Back Orifice는 행사 후 몇 주 동안 총 12만 8,776회 다운로드되었다고 한다. 이어서 2000년 2월 15일에는 빌 클린턴 대통령이 백악관에서 열린 인터넷 보안 관련 회의에 샷코를 초대해서 그의 노력을 치하했다. 이후 샷코는 대통령과 개인적으로 대화를 나눌 수 있는 소수의 사람들 중 하나가 된다.

매년 데프콘에서는 '고위 관리와의 만남'이라는 행사가 진행된다. 2000년에는 전직 국방부 정보통신 지휘통제 담당 차관이었던 아서 머니(Arthur L. Money)가 참석자들에게 "당신에게 진정한 재능이 있고 한평생 그걸 어떻게 활용할지 고민이라면 우리와 함께 (정부에서 일하는 사람들을) 교육하는 데 참여하기 바랍니다"라고 말하기도 했다.

1997년 모스는 블랙햇 브리핑(Black Hat Briefings)이라는 행사를 출범시켰다. 해커들 용어로 블랙햇(black hat)은 컴퓨터 범죄자를 뜻한다. 표면적으로 이 행사의 목적은 컴퓨터 보안업계에 있는 사람을 대상으로 하는 교육이었다. 그러나 행사는 데프콘과 놀라울 정도로 유사했고, 차이라면 1인당 참가비가 1,000달러 있다는 것뿐이었다. 교육 내용은 컴퓨터 범죄에 대응하는 방법보다는 범죄 방법을 가르치는 쪽에 가까웠다. 예를 들어 참가자는 "미국 비밀기관, 세관, 로스앤젤레스 경찰이 사용하는 것과 똑같은 수사용 소프트웨어를 피하게 해주는 "증거 인멸기"에 대해서 배우는 식이다.

미국 정부가 공식적으로 사이버전쟁을 수행할 수단을 갖고 있다는 점도 짚고 넘어가야 한다. 2000년 10월 1일, 미우주사령부(US Space Commands)는 국방부에서 컴퓨터 네트워크 공격 임무를 넘겨받았다. 또한 미국 공군은 정보전 센터라는 연구 조직을 샌안토니오에서 운영 중이다.

이처럼 자체적 능력이 있는데도 왜 미국과 중국 정부는 민간인들을 활용하려 하는 걸까? 《간략히 살펴보는 컴퓨터 바이러스(The Little Black Book of Computer Viruses)》를 썼고 《간략히 살펴보는 인터넷 바이러스(The Little Black Book of Internet Viruses)》를 출간할 예정인 마크 루트비히(Mark A. Ludwig)는 이렇게 말한다. "간단합니다. 정부는 비공식적인 군대의 존재나 활동은 언제라도 부인할 수 있으니까요." "군인들이 직접 사이버전쟁을 수행하는 것이 드러난다면 망신스럽지 않겠습니까?"

누가 만든 것이든, 코드 레드는 조직적으로 행해지는 사이버전쟁이 어떤 모습일지 살짝 보여준 셈이다. "모두들 그게 사이버전쟁은 아니었다고 생각할 겁니다. 코드 레드 웜은 공공시설에 휘갈긴 낙서보다도 눈에 잘 띌 정도인 데다 개념도 확실했으니까요." 버지니아의 컴퓨터 보안 전문가 할런 카비(Harlan

Carvey)의 말이다.

캘리포니아 주 유레카에 있는 실리콘디펜스사(Silicon Defense) 회장 스튜어트 스태니포드(Stuart Staniford)의 말을 들어보자. "만약 감염된 컴퓨터가 목표물 목록을 가지고 있고 상황에 따라 목표물을 변경하도록 되어 있다면, DDoS 공격을 받은 서버에 접촉한 상대방, 보안 개선 소프트웨어를 배포한 회사의 컴퓨터, 웜을 분석하거나 대응책을 배포하는 보안회사 컴퓨터들의 인터넷 주소를 파악할 수도 있습니다. 코드 레드 웜은 일부 컴퓨터에만 침투하는 것보다 취약점이 있는 컴퓨터 모두에 파고드는 것이 오히려 쉬운 일이라는 점을 잘 보여줬어요. 웜은 그저 되도록 빠르게 퍼지기만 하면 되는 존재일 뿐입니다."

스스로를 이아이사 "해킹 담당 최고 경영자"라고 부르는 마크 메이프럿은 악의를 가진 해커에게 코드 레드는 이미 강력한 무기가 되었다고 생각한다. "그 웜이 만들어진 방식을 보면, 해커는 이미 감염된 시스템의 목록을 갖고 있습니다. 그러니 언젠가는 그 컴퓨터들을 조작할 겁니다."

아주 많은 목표물을 마비시키기에 충분한 수의 컴퓨터를 감염시켜놓는다면 인터넷 전체가 동작 불능에 빠질 수 있다. 이렇게 되면 프로그램과 그 사용 방법을 다운로드해서 감염된 컴퓨터를 치료하고 악성 코드를 제거하는 통상적 대응 방법을 이용할 수 없게 된다. 게다가 해커들은 웜을 이용해 컴퓨터에 파고드는 새로운 방법을 지속적으로 퍼뜨리는 중이다. 해커가 마음만 먹는다면 여러 가지 치명적 웜을 인터넷이 방어에 실패할 때까지 계속해서 풀어놓을 수도 있는 것이다.

시큐어컴퓨팅사 연구원이자 최근 출판된《인증(Authentication)》의 저자인 리처드 스미스(Richard E. Smith)는 "인터넷이 무력화될 수도 있다는 건 누구나 아는 사실입니다"라고 지적했다. 그는 말한다. "제가 특히 우려하는 것은 (코드 레드 사건 때) 대중들이 의아할 정도로 무관심했다는 점입니다. 언론은 그 일을 서버 몇천 대가 공격에 무너진 사건이 아니라 '거봐, 방어에 성공했잖아!' 하는 식으로 그저 백악관 공격에 실패한 사이버공격으로 묘사했습니다. 무딘 사람이라면 이를 마이크로소프트 IIS를 이용하는 웹사이트가 사이버공격에 효과적으로 대처할 수 있었던 사건으로 여길지도 모릅니다. 하지만 실상은 모든 웹사이트가 뚫렸는데도 사용자들이 놀라거나 언론의 관심을 끌 만큼 큰 피해를 입지 않았던 것뿐입니다. 결국 언젠가 크게 당할 일만 남은 거죠."

1-4 해커는 어떤 식으로 침투하는가?

캐럴린 마이넬 Carolyn P. Meinel

편집자 주: 이 글은 사이버공간에서 실제로 있었던 사건들을 바탕으로 만들어진 가공의 이야기다. 등장인물의 이름을 비롯한 여러 정보는 실제와 다르지만, 설명된 기술과 소프트웨어는 실제로 존재한다. 저자는 해커들과 보안 전문가들 사이에서 해커를 상대로 벌인 싸움으로 널리 알려져 있으며, 몇몇 이야기는 직접 겪은 내용을 바탕으로 했다. 본지를 대신하여, 이 글에 등장하는 여러 기술을 검증하기 위해서 많은 소프트웨어와 하드웨어를 테스트해준 뉴멕시코 주 앨버커키에 위치한 인터넷 회선회사 Rt66 Internet에 감사드린다.

어느 날 집에서 컴퓨터 앞에 앉아 있던 앱드네고는 채팅 사이트 인터넷 릴레이 채트(IRC)에 로그인했다. 그는 언제나처럼 유닉스(Unix) 운영체제 대화방에 들어가서 사람들과 인사를 나누고 정보를 교환했다. 영화 〈스타워즈〉에 나오는 술집 장면과 비슷한 모습이다.

잘난 척도 하고 싶고, 대화에도 끼어들고 싶었던 앱드네고는 누군가 말싸움거리를 던지면 그걸 부추겨 대화방이 난장판이 되길 은근히 기다리고 있었다. 그때 '도그베리(Dogberry)'라는 사람이 가정용 기상 관측장비에 쓸 디바이스 드라이버(device driver)를* 만드는 방법을 물었다. 앱드네고는 때는 이때다 하고, "RTFM"

*운영체제 내에서 특정 장치를 제어하기 위한 프로그램.

이라고 대답했다. RTFM은 "설명서나 좀 읽어보시라고!(Read the f__ing manual!)"라는 의미다.

대화방에 있던 사람들 모두가 비난을 퍼부었지만 그 대상은 도그베리가 아니었다. 실상 질문의 내용은 앱드네고가 생각했던 것처럼 단순한 것이 아니었다. 도그베리에게서 돌아온 "초짜 같으니라고"라는 대답 한마디가 사람들로 하여금 앱드네고를 향한 비난 강도를 높이게 만들었다. 모욕당했다고 느낀 앱드네고는 복수를 다짐한다.

더욱 호기심이 발동한 앱드네고는 refrigerus.com 컴퓨터에 달린 가상 포트(virtual port) 몇천 개에 접속하는 프로그램인 스트로브(Strobe)를 실행했다. 이 프로그램은 상대 컴퓨터의 데몬(daemon)의 모든 응답을 모두 기록한다. 데몬이란 이메일 처리 등 사용자 눈에 보이지 않으면서 뒤에서 자동적으로 수행되는 프로그램을 가리킨다. 앱드네고는 자동 수행 프로그램인 데몬의 기능상의 허점을 잘 이용하면 각각의 가상 단자를 통해서 컴퓨터 내부로 침입할 수 있으리라 판단했다.

하지만 스트로브는 도그베리가 설치한 방화벽에 막혔는데 이것은 상당히 강력한 방어벽이었으며 모든 접속 시도를 분석해서 어떤 포트에 접속하려 하는지 알아내고, 접속 시도가 규정에 적합한지를 판단한 후 접속 허락 여부를 결정했다. refrigerus.com 시스템은 앱드네고의 수많은 접속 요청 중 단 한 가지에만 응답했다.

이제 refrigerus.com의 프로그램 하나가 자동적으로 앱드네고의 집에 있는 PC에 무의미한 데이터를 수없이 쏟아붓기 시작했다. 또 다른 프로그램은 앱드네고가 가입한 인터넷 회선회사(Internet Service Provider, ISP)에 이메일을 보내어 누군가 refrigerus.com에 침입하려 한다는 사실을 통보했다. 인터넷 회선회사는 앱드네고의 회선이 컴퓨터 범죄에 연루되었을 것이라는 의심이 들자 몇 분 이내에 그의 계정을 차단해버렸다.

물론 앱드네고가 허를 찔리긴 했지만(인터넷 회선회사는 대부분 이런 식으로 대응하지 않는다) 큰 피해를 입은 것도 아니다. 차단된 계정은 그가 가진 여러 계정 가운데 하나일 뿐이었다. 하지만 그가 인터넷 릴레이 채트에서 다른 사람들에게 한창 욕을 먹고 있을 때 계정이 폐쇄되었기 때문에 의도치 않게 대화방에서 나간 꼴이 되어버렸다. 대화방에 접속 중이던 사람들은 앱드네고가 무례하게 대화방에서 나갔다고 생각하거나 도망간 것으로 여길 게 뻔했다.

어떻게든 앙갚음을 하고 싶었던 앱드네고는 이번에는 스트로브보다 발견하기가 어려운 또 다른 소프트웨어를 이용해서 접속 포트에 접근했다. 이런 종류의 프로그램은 인터넷 규약(Internet Protocol, IP) 구조를 활용한다. 특정 컴퓨터가 다른 컴퓨터와 통신을 하고자 할 때는 우선 SYN(synchronize, 동기同期) 요청을 담은 짧은 신호인 패킷(packet)을 상대방에 보내야 한다. 이 신호의 앞부분에는 양쪽 컴퓨터의 인터넷 주소 같은 정보들도 들어 있다. 이 요청을 받은 컴퓨터의 데몬은 답장으로 ACK(acknowledge, 승인), SYN, 통신에 쓰일 여타 정보가 담긴 패킷을 보낸다. 접속 요청을 한 컴퓨터가 ACK/SYN을 받으면, 통신을 위한 준비가 완료되었다는 ACK 신호를 보낸다. 이처럼 3단계 절차가 끝나야 비로소 통신을 요청했던 컴퓨터가 원하는 내용을 상대방에 보내어 통신을 시작할 수 있는 것이다. 통신을 끝낼 때는 종료 요청인 FIN(finish) 신호를 보내고 상대방은 이에 대해 ACK를 보냄으로서 두 컴퓨터 사이의 통신이 마무리된다.

앱드네고는 상대 컴퓨터에 FIN 신호를 규정보다 미리 보내는 방법을 이용함으로써 새 프로그램이 규정된 절차를 피할 수 있다는 점을 알고 있었다. 보통 포트(port, 연결 단자)가 열려 있을 때, 수신 측 컴퓨터에 FIN 신호를 보내면 데몬은 아무런 응답을 하지 않는다. 반면에 포트가 닫혀 있을 때는 RST(reset) 신호로 답한다. 하지만 규정된 3단계 신호를 주고받는 것이 완료되기 전까지는 정상적으로 통신이 시작된 것으로 판단하지 않기 때문에 전송 내역을 기록하지 않는다. 그러므로 FIN 검색기는 상대적으로 은밀하게, 공식적으로는 두 컴퓨터 사이에서 아무런 통신이 시작되지 않은 상태에서 상대방 컴퓨터를 파고들 수 있다. (하지만 앱드네고도 곧 알게 되겠지만, 단 한 번의 FIN 신호만 발신해도 발신자가 누구인지 알 수 있다.)

앱드네고는 더욱 정교한, 발각되지 않는 포트 탐색 소프트웨어를 찾아 인터넷을 뒤진 끝에 인터넷 암시장에서 하나를 찾아낸다. 해커들이 쓰는 프로그램들이 으레 그렇듯, 이것도 C 언어로 쓰여진 것이었다. 그의 PC는 유닉스의 변형인 리눅스 운영체제를 썼고, C로 만들어진 프로그램이 자신의 PC에서 동작되게 만들기 위해서는 약간의 수고를 기울여야 했다.

유닉스를 기반으로 만들어진 운영체제마다 특성이 달라서, 이처럼 소프트웨어를 자신의 컴퓨터에 맞게 변환해야 하는 경우가 흔하다. 그런데 많은 해커들이 그러하듯이 그도 정규 과정에서 컴퓨터공학을 배운 적이 없었다. 사실 대부분의 해커들처럼 앱드네고도 프로그래밍을 공부한 적이 없었고 배울 필요도 없었다. 해커가 원하는 소프트웨어는 인터넷에서 거의 모두 완성된 형태로 구할 수 있는 데다가 공짜다. 그저 컴파일(compile)만* 할 줄 알면 되는 것이다(아니면 동료에게 부탁하든가).

*프로그래밍 언어로 쓰인 프로그램을 컴퓨터에서 실행될 수 있도록 변환하는 과정.

반면 도그베리는 달랐다. 그는 인터넷 회선회사의 기술직 직원과 친해진 뒤 컴퓨터 네트워크 관리 과정을 수강했다. 얼마 지나지 않아, 둘은 컴퓨터로 침입과 방어를 하면서 게임처럼 즐기게 되었다. 그러다가 인터넷 회선회사의 보안 개선에 도움을 준 대가로 둘 다 보상을 받게 된다. 이를 계기로 도그베리가 그 회사의 시간제 직원으로 채용된 것이다. 동시에 그는 컴퓨터공학 학위 과정을 이수했다.

앱드네고는 도그베리에게 한 방 먹이려고 한 순간 이미 첫 번째 실수를 저지른 셈이다. 도그베리는 소위 화이트햇(white-hat, 정의로운) 해커이면서 이미 여러 차례 사이버 전투에서 산전수전을 겪은 베테랑이었다.

갖가지 방법으로 침입을 시도하다

아침이 밝아올 때쯤 컴파일이 끝나고 준비가 완료되었다. 몇 분 뒤면 FIN 검색기가, refrigerus.com이 인터넷 주소가 인증된 컴퓨터에만 제공하는 서비

*시큐어 셸이란 원격 컴퓨터에서 명령을 실행하는 프로토콜이며, 데몬이란 백그라운드에서 작동하는 프로그램을 말한다.

스 내용을 파악해줄 것이다. 그가 관심을 갖고 있는 두 가지는 암호화된 인터넷 연결을 할 수 있게 해주는 '시큐어 셸(secure-shell) 데몬'과* 웹서버였다.

가슴이 쿵쾅거리기 시작했다. 낯선 포트 번호인 31,659가 FIN 검색에 나타난 것이다. 다른 해커가 자신보다 앞서 다녀갔고 시스템 모르게 드나들 수 있는 뒷문을 열어놓은 것일까?

삐삐 소리가 도그베리의 잠을 깨웠다. 네트워크 감시 프로그램인 이더피크(EtherPeek)가 누군가 회사 컴퓨터에 침입하려 한다는 사실을 감지했다. 서둘러 사무실로 달려간 도그베리는 자세한 상황을 파악하기 시작했다. 회사가 보유한 가장 성능 좋은 방어용 프로그램은 직접 전산실 컴퓨터에서 실행해야만 했으므로, 외부 침입자가 원격으로 조작하는 것은 불가능했다.

한편, 앱드네고는 31,659 포트가 유혹하는데도 일단 일을 멈추었다. 그의 해커 본능이 오늘은 더는 안 된다고 말렸던 모양이다. 그래서 도그베리가 사무실에 도착했을 때는 이제 침입자의 움직임이 보이지 않았다.

비정상적 공격에 의심을 느낀 도그베리는 컴퓨터에 남은 기록을 살펴보기 시작했고 해커의 FIN 신호가 담긴 자료에서 그의 인터넷 주소를 알아냈다. 그는 이 정보를 앱드네고가 가입한 인터넷 회선회사에 보내면서 침투 시도가 있었음을 알리고 앱드네고에 관한 상세정보를 요청했다. 하지만 인터넷 회선회사는 포트 검색 프로그램을 실행하는 것은 위법이 아니며, 가입자 비밀 유지 조항 때문에 앱드네고에 관한 정보를 알려줄 수 없다고 답했다.

사흘이 지난 뒤, 앱드네고는 다시 활동을 시작했다. 그러나 인터넷 접속이 되지 않자 앱드네고는 당황해서 인터넷 회선회사에 전화를 걸었고 FIN 검색 때문에 자신의 계정이 정지되었다는 답변을 듣는다. 그러나 이번에도 그를 멈추기에는 역부족이었다. 오히려 더욱 의욕이 불타올랐다.

곧바로 다른 인터넷 회선회사에 연락해서 새로 인터넷을 개통했다. 이번엔 조금 조심스러워졌다. 이 회선을 통해서 지난번 해킹에 이용했던 다른 인터넷 회선의 계정에 로그인한 후 'whois refrigerus.com' 명령을 실행했다. 실행 결과는 그 주소를 Refrigerators R Us라는 소매점 체인이 소유하고 있음을 알려주었다.

이제 앱드네고는 'telnet refrigerus. com 31,659' 명령으로 31,659 포트를 통한 refrigerus.com 접속을 시도했다. 그러자 화면에 "이 바보, 이게 진짜 뒷문인 줄 알았나?"라는 문구가 떴다. 곧바로 31,659 데몬이 그의 PC에 데이터를 쏟아붓기 시작했고 PC는 동작 불능 상태에 빠졌다. 또한 앱드네고가 이용한 인터넷 회선회사에 이메일을 보내어 누군가 컴퓨터 범죄를 저지르고 있다는 사실을 통보했다. 몇 분 지나지 않아 앱드네고의 인터넷 연결은 또다시 끊겼다.

이제 완전히 집착 상태에 빠진 앱드네고는 방화벽을 뚫기보다는 어떻게든 이를 뛰어넘는 방법을 쓰기로 했다. 아직도 해킹한 인터넷 계정이 많았으므로 다시 인터넷에 접속한 뒤, refrigerus.com에 속해 있는 컴퓨터들을 찾아내기 시작했다. 이번에 쓴 방법은 'nslookup'이라는 명령어를 이용하는 것으로, 인터넷망 전체에 연결된 모든 컴퓨터의 인터넷 주소가 담긴 데이터베이스를 샅샅이 훑는 것이었다.

하지만 이 방법으로는 쓸 만한 정보를 전혀 얻을 수 없었다. 도그베리가 회사 네트워크 내부 주소로 향하는 모든 연결이 일단 네임 서버(name-server) 프로그램에 보내지도록 만들어놓고 일단 여기서 분류한 후 해당 컴퓨터에 보내도록 해둔 게 틀림없었다. 이렇게 하면 회사 외부에서는 방화벽 너머에 있는 회사 컴퓨터에 대한 정보를 빼내는 것이 불가능했다.

앱드네고가 다음에 한 일은 인터넷 주소(IP adress) 검색기를 이용하는 것이었다. 우선 nslookup을 이용해서 refrigerus.com을 숫자로 표시된 주소로 변환했다. 여기서부터 시작해 그 위아래 주소를 살펴본다. 대략 50개의 컴퓨터가 보였다. 이 컴퓨터들이 모두 refrigerus.com에 속한다고 볼 수는 없었지만, 시도할 만하다고 생각했다.

이어서 'whois'를 이용해서 Refrigerators R Us사에 refrigerus.com 이외의 다른 도메인 네임(domain name)이 등록되어 있는지를 파악했다. 그 결과 숫자로 표시된 주소가 전혀 다른 refrigeratorz.com이라는 이름이 추가로 발견됐다. 곧바로 인터넷 주소 검색기가 refrigeratorz.com 근처의 인터넷 숫자 주소 다섯 개를 알려줬다.

이번에는 주의를 좀 기울였다. 앱드네고는 해킹한 인터넷 계정에서 또 다른 해킹 계정으로 텔넷(telnet) 프로그램을 이용해서 접속했다. 거기서 또 다른 해킹 계정으로 텔넷을 이용해서 접속함으로써 더 많은 FIN 연결 단자 검색을 실행할 준비를 마쳤다. 만약 경찰이 수사를 한다고 해도 세 군데 인터넷 회선회사에 대한 수색영장을 발급받아야 하므로 상당히 번거로울 터였다.

그리고 세 번째 해킹당한 컴퓨터는 루트 킷(root kit)이라는 프로그램을 이용해서 숨기기로 했다. 이 프로그램은 일종의 트로이목마 프로그램으로, 감염된 컴퓨터에 해를 입히지도 않지만 상대 컴퓨터의 동작기록에 흔적을 전혀 남기지 않기 때문에 추적을 피하는 데 유용하다. 또한 해커가 목표 컴퓨터의 시스템 파일을 변경하려는 시도를 감지하지 못하게 막아주기도 한다. 게다가 누군가 로그인을 했는지, 프로그램을 실행 중인지도 알지 못하게 해준다.

이와 같이 안전을 확보한 상태가 된 후에 앱드네고는 refrigerus.com과 refrigeratorz.com에서 인터넷에 연결된 컴퓨터들을 살펴보기 시작했다. FIN 검색기는 모든 컴퓨터의 방화벽을 통과했다. 하지만 이번에도 이더피크 프로그램의 감시를 벗어나진 못했고 도그베리의 삐삐가 다시 울렸다.

도그베리는 잠이 덜 깬 상태로 사무실에 달려가 FIN 검색이 어디서 시도되고 있는지를 알아낸 뒤 앱드네고의 세 번째 해킹 계정의 시스템 관리자에게 경보를 보냈다. 하지만 루트 킷 사용은 성공적이어서, 앱드네고의 신원을 파악할 수는 없었다. 앱드네고는 점점 대담하게 여러 프로그램을 이용해서 방화벽으로 보호되고 있지 않은 인터넷 주소를 찾기 시작한다.

하지만 결국 실질적으로 그가 한 것이라곤 refrigerus.com의 방화벽에 쓸데없는 데이터를 쏟아부은 것뿐이었다. 비정상적인 데이터의 양은 앱드네고의 해킹 계정이 속한 인터넷 회선회사의 시스템 담당자로 하여금 무언가 공격이 이루어지고 있음이 분명하다는 확신을 갖게 만들었다. 그는 모든 인터넷 접속을 완전히 중단하는 극단적인 방법을 썼다. 인터넷 연결이 끊기자 앱드네고는 방화벽을 우회할 방법이 없다는 것을 깨닫게 되었다.

일중독자의 모뎀을 통해 패스워드를 알아낸 해커

앱드네고는 Refrigerators R Us사에는 인터넷 호스트 몇십 대 외에도 직원용 컴퓨터가 많을 것이라는 데 착안해서 며칠간 이를 활용한 방법을 고민했다. 몇백 명이나 되는 직원들 중에는 방화벽을 통하지 않고 집에서 전화선을 통해 회사 컴퓨터에 접속해 밤새 일하는 일중독자들이 분명히 있을 것 같았다. 그런 사람이라면 틀림없이 모뎀을* 구입해서 회사에 있는 자신의 컴퓨터와 사무실 전화기를 연결해놓았을 것이다.

*일반 전화선과 컴퓨터 사이에 연결해서 전화선을 인터넷 통신선으로 이용하게 해주는 장비.

회사 내에 승인되지 않은 모뎀이 적어도 하나는 사내망에 연결되어 있을 것이라고 생각한 앱드네고는 쇽다이얼(ShokDial) 프로그램을 설치했다. 이 프로그램은 회사의 교환기에 연결된 모든 내선 전화번호에 자동적으로 전화를 걸어준다. 늦은 밤, 본사 건물의 모든 전화가 하나씩 차례로 울리기 시작했지만, 경비원은 별일 아니라고 생각했다.

**모뎀이 장착되지 않은 전화기에서는 계속 벨이 울리지만 모뎀이 장착된 전화기는 모뎀이 전화를 수신해서 응답 신호를 보낸다.

새벽 2시 57분, 드디어 모뎀이 발견되었고**

1-4

앱드네고의 컴퓨터 화면에는 'Refrigerators R Us Marketing Department. Irix 6.3'이라는 접속 화면이 표시되었다. 앱드네고는 기분이 좋아졌다. Irix는 유닉스의 한 종류이므로 이제 도그베리의 세계에 들어가는 방법을 확보한 것이기 때문이다.

이제부터 할 일은 전화망을 통해서 회사 컴퓨터에 접속한 뒤 여러 패스워드로 지속적 시도를 함으로써 전체 시스템 관리자의 패스워드를 알아내는 것이다. 그렇게만 되면 그 컴퓨터의 내용을 확인하고 어떤 명령이든 내릴 수 있었다. 일에 묻혀 살아가는 일중독자들처럼 시스템 관리자도 집에서 회사 컴퓨터에 접속할 수 있도록 해놓았기를 바라면서…….

패스워드를 찾아내는 일은 일반적인 단어와 이름에서 시작해 한 글자씩 변경하면서 계속 시도하는 방식으로 이루어졌다. 정리 안 된 사전이나 전화번호부의 모든 단어를 입력해보는 이런 무지막지한 방식으로 패스워드를 찾아내려면 몇 개월, 때론 몇 년이 걸릴 수도 있으므로 인내심이 필요하다. 그런데 앱드네고는 운이 좋았다. 새벽 5시도 되기 전에 패스워드가 'nancy'라는 것을 알아낸 것이다.

"좋았어!" 그는 시스템 관리자 계정에 로그인하면서 외쳤다. 이제 어떤 명령이든 그 컴퓨터에 실행시킬 수 있었다. 앱드네고는 FTP(컴퓨터끼리 파일을 전송하는 프로그램)를 이용해서 루트 킷과 훔쳐보기 프로그램을 설치했다. 교두보가 확보된 것이다. 이렇게 해서 그 컴퓨터에 입력되는 모든 키보드 입력이 저장되도록 했고, 네트워크에서 접속하는 모든 내용도 저장되도록 만들었다.

훔쳐보기 프로그램은 이 내용이 담긴 파일에 눈에 띄지 않는 이름을 붙여서 저장했다. 몇 분이 지나지 않아 루트 킷을 이용해서 또 다른 접속 계정도 만들었다. 사용자 아이디는 'revenge(복수)', 패스워드는 'DiEd0gB'였다.

그날 아침에 마지막으로 한 짓은 간단한 것이었다. 해킹된 컴퓨터의 인터넷 주소를 알아내기 위해 'who' 명령을 입력했고, 자신의 컴퓨터 화면에는 사용자 'revenge'가 picasso.refrigeratorz.com에 로그인한 화면이 표시되고 있었다. 아침 늦게 피카소(picasso) 컴퓨터에 접속한 직원은 누군가 자신의 컴퓨터를 맘대로 조작할 수 있게 되었다는 사실을 전혀 눈치채지 못했다. 루트 킷은 쓸모가 있었다.

도그베리 쪽에서 보자면 새벽에 일어난 모든 일 중에서 기록된 건 그저 누군가 인터넷에서 refrigeratorz.com에 접속하려 했다는 것뿐이었다. 최근의 FIN 검색 사건을 기억하고 있던 도그베리는 신경이 쓰였지만 대응하기에는 정보가 너무나 부족했다.

이틀 뒤 앱드네고는 피카소 컴퓨터에 접속해서 기록을 훑어보았다. 안타깝게도 회사 내부에서 오가는 정보는 암호화되어 있었다. 그러나 그가 심어둔 감시 프로그램이 기록한 키보드 입력 내역은 피카소 컴퓨터에 접속한 누군가가 판타지아(fantasia)라는 다른 컴퓨터에 접속했었음을 보여주었다. 이제 앱드네고는 판타지아의 사용자 아이디와 패스워드도 손에 넣은 것이다. "열려라, 참깨!"는 이럴 때 쓰는 말이었다.

앱드네고는 그 컴퓨터가 TV 광고를 만드는 데 쓰이는 SPARC* 제품이라는 것을 알아냈다. 아마 그 컴퓨터는 다른 많은 컴퓨터가 접속하는 서버일 터이므로, 혹시 회사 내의 다른 컴퓨터에 쓰이는 패스워드가 저장되어 있지 않을까 하는 생각에서 이를 찾아 나섰다.

*선마이크로시스템즈사에서 제조한 컴퓨터.

패스워드들이 저장된 파일을 찾아냈지만 저장된 내용은 암호화되어 있어서 파일을 열어봐도 'x' 자밖에는 보이지 않았다. 분명히 어딘가에 다른 이름으로 숨어 있을 것이다. 앱드네고는 흐뭇하게 웃으며 FTP 프로그램을 돌려 컴퓨터가 비정상적으로 종료되게 만들었다. 인위적으로 코어 덤프(core dump)를** 만들어낸 것이다.

**컴퓨터가 비정상적으로 종료될 때 향후 분석을 위해 관련된 정보가 모두 자동적으로 기록되는 파일.

이때 컴퓨터는 램(RAM) 일부분을 저장한다. 앱드네고는 운 좋게도 사용자 디렉토리 부분이 들어 있을 때의 코어 덤프를 손에 넣었다.

원래 코어 덤프의 목적은 컴퓨터가 문제를 일으킨 뒤에 사후 조사를 위해서 프로그램의 활동 내역을 살펴보려는 것이다. 하지만 앱드네고도 잘 알듯이, 다른 용도도 있다. 패스워드를 두 군데 보관하는 섀도 패스워드(shadow password) 기법은 암호화된 패스워드를 램에 위치시킨다. 사용자가 로그인하려고 하면 컴퓨터는 사용자가 입력한 패스워드를 암호화해서 이미 암호화된 패스워드와 비교한 후 두 값이 같으면 로그인을 허락한다.

앱드네고가 손에 넣은 패스워드 파일은 암호화된 것이었으므로 그는 패스워드 해독기를 돌리기 시작했다. 며칠 혹은 몇 주가 걸릴 수도 있는 일이었다.

가만히 기다리고 있기 싫었던 앱드네고는 그다음 행동을 준비했다. 유닉스 운영체제의 일반적인 취약점을 노리는 것이다. 유닉스는 프로그램이 실행될 때 다량의 데이터를 만들어내고 이를 임시 저장 공간에 저장하는데, 임시 저장 공간이 부족한 상황이 되면 컴퓨터의 다른 메모리 영역도 이용한다.

앱드네고는 이를 이용해 자신이 만든 프로그램이 해킹된 컴퓨터에 자리 잡게 만들었다. 덕분에 관리자 자격을 가진 또 다른 접속 화면을 만들어 명령과 프로그램을 실행할 수 있게 되었다. 기분이 좋아진 앱드네고는 여기에도 루트 킷과 감시 프로그램을 설치했다. 루트 킷이 동작할 때만 자신의 행적을 숨길 수 있기 때문에 지난밤 흔적을 말끔히 지워야 했다.

아직 한 가지 더 할일이 있었다. 인터넷에서 판타지아에 접속할 수 있는 사람이 더 있을까? 그는 판타지아에 접속했던 사람들을 알아내기 위해서 'last' 명령을 입력했다. 사용자 아이디 vangogh와 nancy가 Refrigerators R Us의 방화벽 외부인 adagency.com에서 인터넷을 통해서 접속했었다는 사실을 알게 되자 신이 났다.

앱드네고는 그날 아침에 좀처럼 잠을 이룰 수가 없었다. 머지않아서 Refrigerators R Us의 전산망이 자신의 손아귀에 들어올 것을 생각하니 아드레날린이 마구 분비되고 있었다.

회사 홈페이지에 가한 최후의 일격

다음날 저녁 그는 adagency.com에 어렵지 않게 침투했고 자신의 인터넷 주소가 거짓으로 기록되도록 IP 스푸핑(IP spoofing) 기법을 이용했다. 이는 숫자와 결합된 ACK/SYN 응답을 받아내는 SYN 패킷을 adagency.com에 보내는 방법으로, 앱드네고의 프로그램은 숫자의 패턴을 알아내어 다음에 나올 숫자를 예측할 수 있었고 이를 이용해 자신이 어디서 접속했는지를 숨길 수 있었다. 그는 재빨리 훔쳐보기 프로그램을 adagency.com에 설치한 뒤 판타지아에 암호화된 형태로 접속할 수 있도록 만들어두었다.

그 컴퓨터에서 'netstat' 명령을 입력하여 회사 내에서 현재 접속 중인 컴퓨터들을 찾아냈다. admin.refrigerus.com이라는, 이전에 발견하지 못했던 흥미로운 이름의 컴퓨터도 발견했다. 혹시 도그베리가 시스템을 관리하는 건지도 모를 일이었다.

앱드네고는 자신의 PC가 다른 사용자들의 아이디와 패스워드를 계속 찾아내는 동안, refrigerus.com의 다른 컴퓨터들을 헤집고 다녔다. 하지만 이미 해킹에 성공한 판타지아 말고는 아무도 회사 밖에서 연결을 하지 않고 있었다.

바로 그때 앱드네고는 잭팟을 터뜨린다, 그것도 두 번씩이나.

앱드네고는 vangogh라는 사용자가 Refrigerators R Us Web의 웹서버를 수정할 때의 키보드 입력 내용을 판타지아에서 확보했다. 이제 Refrigerators R Us Web을 해킹할 패스워드를 손에 넣은 것이다. 게다가 피카소에 설치한 훔쳐보기 프로그램은 nancy가 피카소로 전화선을 이용해 접속한 뒤, 루트 킷을 이용해 숨겨놓은 뒷문으로 admin.refrigerus.com에 로그인했다는 사실도 알아냈다. nancy는 시스템 관리자였다.

앱드네고는 nancy를 따라 admin.refrigerus.com에 숨어들었다. 그리고 관리자 계정을 이용해 Refrigerators R Us의 다른 컴퓨터들에 차례로 로그인을 시도했다. 그러나 도그베리는 주의 깊은 인물이었다. Refrigerators R Us의 사내망에서는 심지어 관리자조차도 새 패스워드가 없으면 다른 컴퓨터에 접속할 수가 없었다.

조금 실망했지만 이내 관심을 웹서버로 돌린 앱드네고는 얼마 전에 입수한 패스워드로 로그인했다. 집에 있는 PC에서 오늘을 예상하고 만들어두었던 화면을 Refrigerators R Us의 홈페이지에 올렸다.

한편 Refrigerators R Us에서는 도그베리가 밤늦게까지 접속기록을 분석하고 있었다. 마케팅 부서 직원들이 adagency.com에 이례적으로 많이 접속하고 있는 듯했다. 내일 그 팀에 무슨 일이 있는지 물어볼 필요가 있었다. 그리고 예전에 새 소프트웨어를 설치할 때 자신이 도와주기도 했던 adagency.com 시스템 관리자에게 전화도 걸어볼 생각이었다.

퇴근하기 직전, 한 고객이 사무실로 전화를 걸어 Refrigerators R Us 홈페이지에 냉장고를 소품으로 쓰는 음란영화가 올라와 있다고 항의했다. 홈페이지를 확인한 도그베리는 회사 내부망과 인터넷을 연결하는 전선을 빼버렸다.

자신이 만든 성과가 금방 수포로 돌아가자 앱드네고는 격분했다. 게다가 흔적을 너무 많이 남겨놓았다는 생각에 피카소의 화면을 띄웠다. 피카소는 처음에 전화선을 이용해서 접속을 시도했던 컴퓨터로, 도그베리는 아직 이 사실을 모르고 있다. 앱드네고는 일단 관리자 컴퓨터의 하드디스크를 완전히 새로

포맷해서 시간을 벌기로 했다. 이렇게 하면 회사 컴퓨터망이 작동하지 않게 되므로 도그베리가 자신의 흔적을 바로 찾기가 어려워질 것이다.

도그베리는 관리자용 컴퓨터를 다시 켜려고 했지만 이미 너무 늦었다. 다시 처음부터 모든 소프트웨어를 설치하는 것 말고는 달리 방법이 없었다. (그런데 앱드네고는 알지 못했지만 근처 다른 매킨토시 컴퓨터에 설치된 이더피크가 모든 상황을 기록하고 있었다.)

아직 홈페이지 때문에 약이 올라 있던 앱드네고는 최후의 일격을 결심한다. 바로 엄청난 양의 데이터를 refrigerus.com에 쏟아붓는 것이다. 그러자 곧바로 도그베리에게 전화가 왔다. 출장 중 호텔에서 노트북 PC를 전화선에 연결해서 업무를 보던 회사의 영업사원은 회사 메일에 접속이 되지 않아서 중요한 이메일을 볼 수가 없다고 불만을 터뜨렸다.

아침이 되자 도그베리는 완전히 탈진 상태가 되었다. 그는 기술 담당 부사장에게 회사 내 모든 컴퓨터를 완전히 새로 포맷하고, 모든 소프트웨어를 다시 설치하고, 패스워드도 새로 설정하도록 승인해줄 것을 요청해야 했다. 이 방법은 확실하긴 했지만 그러자면 며칠 동안이나 회사의 전산망을 꺼놓아야만 했으므로 부사장으로선 받아들이기 힘든 요청이었다.

이때쯤 앱드네고가 벌인 일은 이미 법의 테두리를 한참 벗어난 상태였다. 하지만 FBI는 마침 육군과 해군 컴퓨터 침입 사건을 수사하느라 이 일에까지 투입할 인력이 부족했다. 결국 증거 확보를 위해선 도그베리 스스로 나설 수밖에 없었다.

내부 전산망을 인터넷에서 완전히 격리했는데도 공격자가 여전히 내부 컴퓨터에 남아 있는 것으로 보아 건물 어딘가에 외부와 연결되는 불법 모뎀이 설치되어 있는 게 분명했다. 모뎀 탐색 소프트웨어를 이용해서 탐색을 시작한 도그베리는 얼마 지나지 않아 마케팅 부서를 통한 침투 흔적을 찾아냈다.

곧이어 관리자 컴퓨터의 모든 소프트웨어 재설치가 완료되었다. 또한 아직 공격받지 않았던 윈도우 NT 서버에 회사망에 연결된 모든 컴퓨터를 감시할 수 있는 최신 해킹 방지 프로그램 티사이트(Tsight)를 설치했다.

마지막으로, 덫이 설치됐다. 티사이트는 침입자가 admin.refrigerus.com에 접속하면 그가 '감옥(jail)'이란 이름의 컴퓨터에 자동적으로 접속되도록 만들어져 있었다. 일단 그렇게만 되면 침입자의 모든 행적을 감시하고 추적할 수 있다. 함정이 자연스럽게 보이도록 하기 위해서 '감옥' 컴퓨터가 회계 부서용인 것처럼 보이도록 만들어두고 미끼로 회사의 가짜 재무자료를 올려두는 것도 잊지 않았다.

교만한 해커의 변명

이틀 후, 시계가 저녁 8시 17분을 가리키고 있을 때, 모니터를 바라보던 도그베리는 누군가 admin.refrigerus.com에 접속한 것을 발견했다. 앱드네고였다. 왜 벌써 다시 왔을까? 앱드네고는 자신이 Refrigerators R Us의 홈페이지를 음란물로 뒤덮어놓은 일이 해커들 사이에서 화제가 되자 신이 나 있었다. 심지어 CNN 뉴스에 보도되기도 했다. 매스컴의 관심과 자만심이 결합하자

천하무적이 된 것 같았다.

사실 오늘 Refrigerators R Us에 다시 접속할 때는 평소보다 주의를 덜 기울였다. 인터넷 회선회사 방문자 계정으로 전화를 걸어 인터넷을 연결한 뒤, 판타지아 컴퓨터 뒷문에 더 빨리 접속하려는 마음에 adagency.com에 곧바로 연결한 것이다.

티사이트는 admin.refrigerus.com에서 앱드네고를 감옥 컴퓨터로 유인하려고 기다리고 있었다. 앱드네고는 화면에 회사의 민감한 재무자료들이 표시되자 흥분을 감출 수 없었다.

도그베리도 바빠졌다. 티사이트에서 보내온 데이터를 분석해서 앱드네고가 판타지아에 접속한 관리자 패스워드 DiEd0gB를 알아냈고 이를 이용해서 침입자가 adagency.com을 통해 들어왔다는 사실이 드러났다. 그쪽 시스템 담당자에게 급히 연락을 취했고, 이미 퇴근한 뒤였지만 저녁 식사 중이던 담당자도 앱드네고를 추적하는 것을 돕기로 했다.

미끼로 올린 가짜 신용카드 번호를 앱드네고가 마구 다운로드하는 동안 도그베리는 adagency.com에 감시 프로그램을 설치했다. 앱드네고는 해킹한 패스워드를 바꾸지 않고 계속 쓰고 있었기 때문에, 이렇게 하면 앱드네고의 움직임도 훔쳐볼 수 있었다. 앱드네고가 다운로드를 마치고 접속을 끊기 직전, 도그베리는 앱드네고가 훔친 가짜 신용카드 번호가 앱드네고의 인터넷 회선회사 망을 통해서 전송되고 있다는 사실을 알아냈다.

이 정도면 FBI가 나서도 될 수준이었다. 이튿날 FBI는 인터넷 회선회사에서 앱드네고의 신원정보를 제출받았고, 이더피크가 확보한 접속기록을 비롯해 충분한 증거를 확보한 뒤 수색영장을 발부받았다.

FBI는 앱드네고의 아파트를 습격해서 그의 PC를 압수했다. 하드디스크를 분석하면 모든 것이 밝혀질 터였다. 앱드네고는 매일 밤 범죄와 관련된 파일을 지우기는 했지만, 모르고 있던 사실이 있다. FBI는 지워지거나 몇 번씩 덮어쓴 하드디스크 내용도 복구할 수 있었던 것이다. 머지않아 그의 과거 범죄 행각까지 낱낱이 드러났고, 그가 미국 북동부 지역 주요 금융기관의 전산망을 신나게 들락거렸던 사실도 밝혀졌다.

하드디스크에 남아 있던 내용은 그의 범죄를 입증하는 명백한 증거였고, 앱드네고는 컴퓨터 범죄 혐의 여러 건으로 기소되었다. 앱드네고 자신에게는 안 된 일이었지만, 재판을 맡은 판사는 사이버범죄에 특히 강경한 태도를 보이는 사람이었다. 변호사의 권고에 따라라 플리바겐(plea bargain)에* 응하기는 했지만, 사이버범죄를 저지른 해커들이 으레 그렇듯 앱드네고는, Refrigerators R Us 사건만으로도 엄청난 금전적 피해를 입혔으면서도 그저 재미로 그랬을 뿐이라고 주장했다. 그는 징역 2년형을 선고받았다.

*형량 협상, 양형거래라고도 하며, 유죄를 인정하면 감형해 주는 제도.

1-5 조직화되고 기업화되는 웜 공격

마이클 모이어 Michael Moyer

2009년 4월 1일에는 컴퓨터를 꺼둔다는 것도 괜찮은 생각이었다. 이날, 당시 인터넷 역사상 가장 강력한 위협으로 여겨지던 컨피커 웜에 거의 컴퓨터 1,000만 대가 감염됐다. 이 프로그램은 윈도우 컴퓨터에 침입한 후에도 4월 1일 만우절(이 날짜가 예고되어 있던 건 아니다)이 되기 전에는 아무런 행동을 하지 않았다. 아무도 예상하지 못했지만 이 웜이 불러온 결과는 악성 소프트웨어를 만들어내는 집단이 점차 기업화되면서 정교하게 진화하고 있음을 극명하게 보여주었다. 더불어 이제는 보안 전문가들 또한 미지의 상대방이 가진 기술에서 무언가 배울 점이 있다는 것을…….

웜은 주위에서 흔히 볼 수 있는 소프트웨어의 허점을 노려서 자신을 복제하고 확산한다. 컨피커는 윈도우를 노렸다. 게다가 컨피커는 바이러스 방지 소프트웨어도 피해 갈 수 있을 정도로 고도로 정교하게 만들어져 있었고 새로운 기능을 업데이트하는 것도 가능했다. 이 사건은 컴퓨터 보안 분야에서 가장 논란이 많은 대응 방법 가운데 하나인 소위 '좋은(good) 웜' 배포에 대한 격렬한 논쟁을 다시 불러왔다. 감염된 컴퓨터를 치료하는 기능을 가진 웜을 퍼뜨리자는 이 아이디어는 이미 이전에 한번 시도된 적이 있었다. 2003년 하반기에 많이 퍼져 있던 블래스터(Blaster) 웜이 이용했던 방법을 똑같이 따라한 웨일댁(Waledac) 웜이 윈도우 컴퓨터를 감염시켰다. 차이는 블래스터 웜이 마이크로소프트사의 웹사이트를 공격하도록 만들어졌던 것에 비해 웨일댁 웜은 감염된 컴퓨터의 보안을 개선하도록 되어 있었다는 점이다.

언뜻 보면 웨일댁 웜은 성공적이었다고 할 수 있다. 하지만 다른 웜과 마찬가지로 이 또한 인터넷에서 정보의 흐름을 막고 통신량을 증가시킨다. 그리고 컴퓨터를 사용자의 의지와 무관하게 재부팅하기도 한다. (프로그램이 아무 때나 마음대로 컴퓨터를 껐다 켜는 방식을 좋아하는 사람은 드물다. 이는 많은 사용자들이 자동 보안 업데이트 기능을 꺼놓는 주된 이유이기도 하다.) 무엇보다도, 목적이 어떤 것이든 웜이란 결국 웜이어서, 비정상적 방법으로 컴퓨터에 침투하는 프로그램일 뿐이다.

웨일댁 이후 사이버공간에서 웜이 점차 줄어들자 소위 '좋은 웜' 개념이 더는 관심의 대상이 되지 못했다. 비영리 연구단체인 SRI 인터내셔널(SRI International)의 프로그램 책임자 필립 포라스(Phillip Porras)는 "2000년대 초에는 악성 프로그램을 침투시켜 이득을 취하는 범죄 형태가 아직 자리 잡지 못했습니다"라고 말한다. "오히려 해커들은 웜을 통해 자신의 존재를 알리는 데 주력했던 겁니다." 웜은 여러 컴퓨터를 마치 포박하듯 묶어서 봇넷, 즉 수많은 컴퓨터가 연결되어 해커의 지령에 따라 움직이는 상태를 형성하고 정상적인 웹사이트를 공격하기도 한다. 이런 일 자체에 흥미를 느끼는 사람이 있을지는 몰라도 이것만으로 딱히 돈벌이가 되지는 않는다.

그러나 지난 5년간 금전적 이득을 노리는 악성 소프트웨어가 급증했다. 사용자를 속이는 피싱 기법을 쓰는 해커들은 사용자를 현혹하는 이메일을 이용해 아이디와 패스워드를 알아낸다. 또한 정상적인 웹사이트에 접속했을 때와 유사한 화면을 보여주면서 사용자가 눈치채지 못하게 신용카드 정보를 빼가기도 한다. 이런 식으로 훔친 개인정보들은 인터넷 암시장에서 거래된다. 은행계좌의 사용자 아이디와 패스워드는 10달러에서 1,000달러 사이에서 거래되고, 그보다 쉽게 구할 수 있는 신용카드 번호는 하나에 6센트면 살 수 있다. 인터넷 보안회사인 시만텍사(Symantec)에 따르면 개인정보 시장의 암거래 규모는 1년에 70억 달러가 넘는다.

악성 소프트웨어를 이용하는 사기는 보통 조직적으로 이루어지는 사업으로, 러시아나 구소련 연방 지역에 근거를 둔 경우가 많다 이들은 인터넷 암시장에서 최신 해킹 소프트웨어를 구매한 뒤 용도에 맞게 수정하고, 이를 이용해 봇넷을 만든 다음 경매 방식으로 봇넷을 대여하거나 판매한다. 또한 웜의 수명을 늘리기 위해 이미 퍼진 웜을 새로운 이름을 가진 버전으로 업데이트하기도 한다. 마치 공장의 조립 라인을 연상시키는 이러한 방식의 범죄를최근 들어 굉장히 활발하게 저지르고 있다. 지난 20년간 시만텍사가 추적한 모든 컴퓨터 바이러스의 60퍼센트가 지난 12개월 동안 출현한 것들이다.

컨피커 웜 활동 개시일인 4월 1일부터 일주일이 지난 후, 돈을 노리고 이 웜을 만들었다는 것이 분명해졌다. 컨피커 웜에 감염된 컴퓨터가 스팸메일 발생기를 다운받기 시작한 것이다. 게다가 컴퓨터 화면은 '윈도우 보안 경보(Windows Security Alert)'라는 경고 문구를 몇 분마다 화면 한복판에 끊임없이 표시했다. 컴퓨터가 바이러스에 감염되었다는 경고 문구의 내용 자체는 맞는 말이었지만, 이 바이러스를 퇴치하는 유일한 방법은 함께 광고 중인 50달러짜리 프로그램을, 그것도 반드시 신용카드로 구매하는 것뿐이라는 말도 잊지 않았다.

사실 이 웜은 정기적으로 윈도우를 업데이트하기만 했어도 피할 수 있는 것이었다. 컨피커 웜은 마이크로소프트사가 이러한 종류의 위험을 예상하고 전 세계 사용자들이 긴급히 보안 업데이트를 할 수 있도록 조치한 지 딱 4주 뒤에 출현했다. 물론 많은 컴퓨터들이 제때 업데이트되지 않았다. 아마 지금도 몇백만 대 이상의 컴퓨터들이 별다른 대책 없이 감염된 채로 방치되어 있을 것이다. 생각만 해도 아찔하지만 이는 컨피커 웜이 언제든 다시 튀어나올 수 있는 상황을 예고하는 것이나 마찬가지다.

2

사라진 사생활

2-1 사생활 보호에 대한 기대는 접어야 할까?

다니엘 솔로브 Daniel J. Solove

엄연히 이름이 있는데도 대부분의 사람들은 그를 '스타워즈 키드(Star Wars Kid)'라고 불렀다. 전 세계 몇천만 명이 그를 알고 있다. 안타깝게도, 그의 이름이 알려지는 계기가 되었된 것은 그의 인생에서 가장 곤혹스런 순간이었다.

2002년, 고작 열다섯 살 소년이던 스타워즈 키드는 골프장에서 골프공을 주울 때 쓰는 골프공 집게를 마치 〈스타워즈〉 영화에 나오는 광선검인 양 휘두르는 자신의 모습을 동영상에 담았다. 영화 제작이 아니니 안무가가 있을 리 만무했고 소년은 제멋대로 혼자서 뛰고 있었다.

그런데 소년을 미워하던 누군가가 이 동영상이 담긴 테이프를 우연히 손에 넣었다. 그는 동영상을 인터넷에 올렸고 많은 사람들이 이를 보게 된다. 사람들은 땅딸막한 이 소년이 이상하고 촌스럽다고 놀리기 시작했다.

그 동영상을 흉내 낸 수많은 아류 비디오가 다양한 편집 효과를 곁들여 인터넷에 올라오기 시작했다. 골프공 집게가 광선검으로 보이게 편집하고 〈스타워즈〉 영화음악도 삽입했다. 다른 영화의 장면을 덧붙여 만든 것도 있었다. 변형된 동영상 몇십 가지가 만들어졌다. 스타워즈 키드는 컴퓨터게임에도 등장했고, 〈패밀리 가이(Family Guy)〉와 〈사우스 파크(South Park)〉 같은 인기 TV 만화에까지 나오게 되었다. 시작은 학교 친구의 놀림거리였으나 이제 전 세계의 놀림감이 되어버린 것이다. 소년은 학교를 중퇴하고 심리상담사를 찾아다니는 처지가 되어버렸다. 그런데 이런 일은 누구한테나, 지금 당장이라도 일어날 수 있다. 오늘날 타인의 정보를 찾는 건 식은 죽 먹기나 마찬가지다. 대부분의 사람들이 카메라와 녹음기가 들어 있는 스마트폰을 갖고 있고 CCTV를 비롯한 다양한 장비가 모든 사람의 삶을 포착한다.

게다가 이제는 누구라도 원하는 정보를 전 세계에 퍼뜨릴 수 있는 시대가 되었다. 주요 언론과 인터뷰를 하지 않더라도 얼마든지 유명해질 수 있다. 인터넷은 어떤 사람도 전 세계 사람들에게 가까이 갈 수 있게 만들어준다.

기술의 진보는 세대 간의 장벽을 만들기도 했다. 오늘날 10대와 대학생들의 삶은 SNS를 통한 교류와 블로그 방문의 연속이다. 반면 부모들에게 지난날이란 점차 흐려져가는 기억에서만 존재하거나, 기껏해야 책이나 사진, 비디오테이프 몇 개에 담겨 있을 뿐이다. 요즘의 젊은 세대에게 자신의 과거는 인터넷에, 아마도 영원히, 저장될 존재다. 이러한 변화는 네트워크로 모든 것이 연결된 세상에서 도대체 사생활이 얼마나 보호될 수 있을지, 즉 사람들이 기대하는 사생활 보호의 수준이 어느 정도인지 근본적 물음을 던지고 있다.

산업화 이전 시대의 관계로 돌아간 구글 세대

젊은 세대 중에서 페이스북(facebook) 같은 SNS를 사용하는 사람은 놀랄 만큼 많다. 대부분의 대학에서 학생들 90퍼센트 이상이 개인 홈페이지를 갖고 있을 정도다. 이 세대는 '구글(Google) 세대'라 불릴 만하다. 이들의 개인정보는 인터넷 여기저기에 흩어져서 영원히 남아 있을 테고 구글 검색을 통해서 미래 세대들조차도 손쉽게 이를 찾아낼 것이다.

여기에는 좋은 면과 나쁜 면이 모두 있다. 이제는 책이나 방송 같은 전통 매체를 거치지 않고도 누구나 자신의 아이디어를 알릴 수 있다. 반면에 개인정보나 평판 등은 과거와 달리 심각한 위협을 받는다. 대학교나 동네 고등학교에서 화제가 될 만한 일이 《뉴욕 타임스(New York Times)》에 실리진 않겠지만 블로거나 온라인 채팅방에서 떠드는 사람들에겐 얼마든지 즐거운 이야깃거리가 될 수 있다. 이들은 친구나 가족, 상사, 미워하는 사람, 직장 동료를 비롯한 어느 누구라도 인터넷에 올릴 이야깃감의 주인공으로 만들 수 있다.

인터넷 시대 이전의 소문은 으레 특정한 집단 내에서 말로만 퍼지는 경우가 많았다. 개인적인 일의 내막은 일기장에 적은 후 서랍에 넣어 잠가놓았다. 인터넷이 만들어낸 SNS는 사람들 사이의 관계를 마치 산업화 이전 시대로 되돌려놓은 것과도 같다. 바로 한마을 모두가 서로에 대해서 낱낱이 알고 있던 그런 시대 말이다. 차이라면 지금은 '마을'이 '세계'로 바뀐 것 정도뿐이다.

어느 대학생이 동급생과 관련된 음란한 이야기를 퍼뜨리기 시작한다. JuicyCampus라는 웹사이트에는 학생들이 익명으로 섹스, 마약, 술에 대한 이야깃거리를 아무런 확인 없이 올릴 수 있다. 여성들이 데이트 상대였던 남자에 대한 험담이나 불평을 남자의 실명, 사진과 함께 올릴 수 있는 Don't Date Him Girl이라는 사이트도 있다.

SNS 사이트나 블로그만 사생활 보호에 위협이 되는 건 아니다. 기업들도 기를 쓰고 개인정보를 모은다. 신용카드 회사는 가입자의 모든 거래기록을 가지고 있다. 온라인에서 물건을 구매하면 모든 구매물품 기록이 남는다. 인터넷 회선회사는 가입자의 인터넷 사이트 방문기록을 모두 가지고 있다. 케이블 TV 회사는 가입자가 어떤 채널을 시청했는지를 기록한다.

정부도 의심스러운 행동을 추적하려는 용도로 다양한 형태의 개인정보를 모은다. 미국국가안전보장국은 몇백만 명의 통화 내용을 엿듣는다. 금융거래 기록을 수집하는 정부기관들도 있다. 다양한 정부기관이 개인 신상정보, 출생, 결혼, 고용, 부동산 소유 등에 관한 정보를 수집한다. 이런 정보들은 공개되어 있는 경우가 있어서 누구나 열람이 가능하기도 하다. 이러한 추세는 모든 기록이 전산화되면서 더욱 심화할 것이다.

나의 발자취가 온라인에 영원히 남는다

개인정보의 노출이 심해진 시대에 주변 사람들에게 보여지는 모습만으로 자신의 평판을 유지하기는 어렵다. 사회생활에서 평판은 중요한 요소이며, 이를 위한 개인 사생활 보호는 필수적 요소다. 어떤 사람과 친구가 될지, 어떤 이성과 데이트를 할지, 어떤 사람을 직원으로 채용할지, 어떤 사람을 사업 상대로 삼을지를 판단하는 일 등 모든 일에서 평판은 중요한 요소가 된다.

사생활 보호가 덜 될수록 사람들이 자제하고 정직해지는 경향이 강해질 거라고 생각하는 사람들도 있을 것이다. 그런데 법을 위반한 기록이 낱낱이 노출된다면 사람들은 서로를 평가할 때 더 깐깐해질지도 모른다. 상대방의 개인정보를 알고 있다면 그 상대를 좋게 보기가 힘들어질 가능성이 있는 것이다.

즉 성급한 판단으로 상대방을 좋지 않은 시각으로 볼 것이 우려된다는 뜻이다. 그리고 사생활 보호가 되지 않으면 자유도 줄어든다. 모든 것이 공개된 인터넷 세상에서는 과거의 잘못을 극복한다는 게 불가능한 일이 될 수도 있다.

누구라도 인생에서 '새 출발'을 원할 수 있다. 미국의 철학자 존 듀이가 말했듯이, 인간은 "완성되고, 완벽하고, (또는) 희망이 없는" 존재가 아니라 "변화하고, 움직이고, 독자적이고", 한마디로 말해서 "무언가를 마무리하기보다는 시작하는" 존재다. 과거에는 젊은 시절의 행적이 결국엔 잊히게 마련이었고, 이는 인간이 나이를 먹어감에 따라 성숙해지면서 새로운 시작을 할 수 있는 이유가 되어주었다. 하지만 수많은 개인정보와 행적이 온라인에 남아 있다면 과거의 행적이 잊히기는 어렵다. 누구나 자신의 과거를 한가득 담은 짐을 어깨에 지고 살아가야 하는 시대가 되어버렸다.

결국 구글 세대는 자신들이 질풍노도의 10대일 때 저지른 일 때문에 인생에서 기회를 잃는 경험을 할 수도 있다는 의미다. 은밀한 비밀이 친구들 때문에 드러날 수도 있고 잘못된 소문의 희생양이 될 수도 있다. 좋건 싫건, 사람들은 자신의 개인정보를 온라인에 저장하는 것에 점점 더 무감각해지고 있다.

사생활 보호는 개인정보 통제 여부에 달렸다

미래에 수많은 개인정보가 아무런 규제 없이 이용되는 것을 막을 수 있을까? 관련 기술 전문가들과 법률 관계자들은 불가능하다는 일관된 의견을 표명한다. 그들은 사생활 보호라는 개념 자체가 정보가 자유롭게 흐르는 사회에서 애당초 불가능한 개념이라 보고 있다. 일찍이 선마이크로시스템즈사(Sun Microsystems) 스콧 맥닐리(Scott McNealy)가 했던 지적이 옳았던 것이다. "사생활 보호란 이미 사라졌습니다. 적응하고 살아야만 합니다." 많은 책과 기사에서 사생활 보호의 "끝" "죽음" "종말"이라는 말을 어렵지 않게 찾아볼 수 있다.

그 정도면 낙관적으로 보았다고 할 수 있다. 아직도 사생활 보호가 가능하긴 하지만 그러려면 이미 낡아버린 개념부터 새로 정립해야 한다. 혹자는 사생활을 보호하려면 완벽한 보안이 필요하다고 말한다. 요즘은 일단 정보가 새어나간 후에는 확산을 막을 수 없다. 완벽한 보안 유지라는 개념은 온라인 세상에서는 부적합하다. 오늘날 자라나는 세대가 생각하는 사생활 보호는 조금 다르다. 이들은 자신의 개인정보가 다른 사람들에게 노출될 수 있다는 것도 알고 있고, 동시에 자신이 온라인상에서 가는 곳마다 흔적을 남긴다는 사실도 안다.

구글 세대가 인식하는 사생활 보호는 공개될 개인정보를 자신이 통제할 수 있는지 없는지 여부에 달려 있다. 이들은 자신의 개인정보가 퍼지는 방식을 스스로 결정하고 싶어 한다.

개인정보를 스스로 통제하는 문제는 2006년 페이스북이 뉴스피드(News Feeds)라는 기능을 소개하면서 처음 떠올랐다. 이것은 가입자가 자신의 인적사항을 변경하면 페이스북 친구에게 이 내용을 자동적으로 알려주는 기능이다. 하지만 놀랍게도 70만 명이 넘는 가입자가 이 기능에 대해 항의하는 바람에 페이스북은 적잖이 당황했다. 언뜻 보기에는 이러한 불평의 쇄도를 이해하기 힘들었다. 이미 수많은 가입자들이 자신의 신상정보를 공개해놓고 있으면서 왜 그 정보의 변경을 페이스북 친구들에게 알려주는 것이 사생활 보호에 어긋난다고 생각하는 걸까?

이러한 정보가 잠가놓은 책장 속에 있어야 한다는 개념이 아니라 접근성의 문제로 바라보는 것이, 사생활이나 개인정보 보호를 바라보는 사람들의 관점이었다. 가입자들은 대부분의 사람들이 페이스북에서 타인의 신상정보가 수정될 때마다 면밀히 읽어보지는 않는다고 여겼다. 원한다면 누구나 자신의 신상정보를 조금씩 수정할 수 있다. 하지만 뉴스피드 기능은 이를 대대적으로 홍보하는 꼴이다. 결국 가입자들이 문제 삼은 것은 비밀이 드러난다는 것이 아니라 어떤 방식으로 신상정보에 접근하는가에 관한 문제였다.

페이스북은 2007년에 소셜 애즈(Social Ads)와 비콘(Beacon)이라는 두 가지 홍보 시스템을 소개하면서 다시 한번 유사한 상황을 겪는다. 소셜 애즈는 가입자가 상품이나 영화에 대해서 긍정적인 평을 하면, 그 내용과 가입자 이름을 상품 광고와 함께 페이스북 친구에게 보내는 것이었다. 페이스북은 이 방법이 일반 광고보다 소비자들로 하여금 제품을 구매하도록 부추기는데 효과적일 것으로 생각했다. 비콘 서비스는 페이스북과 여타 웹사이트 사이에 맺어진 자료 교환 협정을 기반으로 만들어졌다. 만약 가입자가 판당고(Fandango)에서 영화 관람권을 사거나 제휴 사이트에서 물건을 구매하면 이 정보가 해당 가입자의 공개 신상정보에 뜨도록 한 것이다.

페이스북은 가입자들에게 제대로 알리지 않은 상태에서 이 기능을 적용하기 시작했다. 가입자들은 자신도 모르는 새에 친구에게 물건을 판매하는 데 앞잡이가 된 셈이었다. 일부 가입자들은 자신이 다른 웹사이트에서 구매한 물건이 갑자기 자신의 페이스북 신상정보와 함께 공개되는 데 충격을 받았다.

격렬한 항의가 뒤따랐고, 그 기능을 중지하라는 온라인 서명운동이 일어났다. 순식간에 몇만 명이 이에 동참했으며 그 결과 여러 가지 변화가 이루어졌다. 이런 사례들에서 보듯이, 사생활이나 개인정보 보호는 비밀이 새어 나가는 것의 방지만을 의미하지는 않는다. 페이스북 사용자들은 소셜 애즈가 자신을 특정 상품 선전에 이용하는 것을 거부했다. 음악이나 영화를 즐기는 것과 자신이 그렇다는 사실을 광고판에 그려 넣는 것은 완전히 다른 문제였다.

사생활 보호 관련법의 올바른 진화 방향은?

사생활 보호와 관련한 전반적 입법을 미루면서 머뭇거리는 미국에 비하면 캐나다와 유럽 국가들 대부분은 훨씬 엄격한 법을 가지고 있다. 이들 나라에서의 사생활 보호법에 따르면 타인에게 자신의 정보를 공개하는 것이 자신의 사생활 정보에 대한 권리를 포기한다는 의미가 아니다. 개인정보에 접근하는 방법이 점차 다양해지고 있기 때문에 미국도 공개된 영역에서의 사생활 보호를 위한 최소한의 법적 방어장치를 만들어야 한다.

미국의 관련법은 일부 영역에서 효과적으로 정보를 통제하는 데 주안점을 두고 만들어졌다. 저작권법은 공개된 정보와 더불어 영화부터 소프트웨어까지 다양한 작품에 대한 권리를 인정한다. 저작권을 보호받기 위해 자신의 지적 재산인 작품을 숨겨놓아야 하는 것은 아니다. 누구나 저작권법의 보호를 받는 잡지를 사서 읽을 수 있고, 개인적 용도로 복사도 할 수 있으며, 친구에게 빌려줄 수도 있다. 하지만 여기엔 한도가 있다. 책을 처음부터 끝까지 모두 복사하거나, 해적판을 만들어 팔아서는 안 된다. 비록 디지털 시대에 아직 진행 중인 다양한 논쟁의 결론을 내지는 못했지만, 저작권법은 자유와 규제 사이에서 균형을 추구한다.

미국 법률 가운데 저작권의 경우처럼 사생활 보호와 가장 밀접한 관련이 있는 것은, 금전적 이익을 목적으로 타인의 이름이나 비슷한 정보를 불법적으로 이용하는 도용 행위에 관한 법이다. 하지만 이 법을 최근 발생하는 사건들에 적용하기는 적합치 않다. 저작권은 기본적으로 재산권의 일종으로, 노래나 그림 같은 개인의 창작물을 보호한다. 점차 증가하는 사생활 정보에 대한 위협에 대처하려면 도용의 범위를 확대 적용할 필요가 있다. 이렇게 하면 실질적으로 재산을 보호하기 위한 수단으로 사생활 보호가 필요하다고 여겼던 20세기 초 관습법의 원칙을 구현하는 것이 된다. 이미 1905년 조지아 주 대법원은 "개인이 원할 때 자신과 관련된 정보를 공개하지 않을 권리는… 개인의 정치적 자유의 범주에 속한다"고 선언한 바 있다. 하지만 오늘날 개인의 이름이나 사진이 뉴스나 예술작품, 문학작품, SNS 사이트에서 이용될 때 이러한 개념이 적용되지는 않는다. 도용 방지법에 따르면 개인의 이름이나 사진이 무단으로 광고에 이용되는 것은 금지되어 있으나 뉴스에 사용되는 것은 허용된다. 다시 말해서 이 법을 인터넷에 올라온 내용과 관련된 사안에 적용하기는 어렵다는 뜻이다.

도용 방지법의 개념을 확대해서 적용하는 일이 언론의 정당한 취재와 공개된 정보의 전달을 저해하지 않도록 균형을 찾을 필요도 있다. 개인정보가 공공의 이익, 즉 신중한 법률적 판단이 필요한 개념과 무관하게 이용되었을 때만 이 법이 적용되어야 할 것이다.

디지털 통신 네트워크로 이루어진 시대에 개정의 필요성이 있는 관련법은 도용 방지법만이 아니다. 이 밖에도 다양한 법률적 장치가 이미 존재하지만, 이러한 장치들을 제대로 활용하기에는 사생활 보호의 개념이 분명하게 정립되지 못하고 있어서 대부분 제 기능을 발휘하지 못하고 있다. 스타워즈 키드나 페이스북의 예에서 나타난 개인정보의 잘못된 이용 사례를 고려해서 관련법 제정이 더욱 광범위하게 진행되어야 한다. 가장 바람직한 결과는 이런 논쟁들이 법원의 판단을 기다리지 않고도 해결되는 것이지만, 누구나 인터넷에 접근할 수 있게 된 이상 관련 관습법의 변경을 피할 수는 없을 것으로 보인다. 사생활 보호에 대한 위협은 어마어마하고, 이미 많은 사람들이 자신의 사생활 정보를 지키는 것을 기본적 권리로 느끼고 있다. 이러한 목표를 달성하려면 사회적으로 사생활 보호에 대한 새롭고 섬세한 개념, 즉 더 많은 개인정보가 노출되는 현실을 인정하면서도 이를 어떤 식으로 공유하고 배포할지에 대해 제대로 된 개념을 정립할 필요가 있다.

2-2 비밀정보 훔치기 기술

웨이트 깁스 W. Wayt Gibbs

*망원경 상표.

미하엘 베케스(Michael Backes)의 자그마한 셀레스트론(Celestron)* 망원경 가까이에 눈을 가져다 대자 강당 끝에 놓인 노트북 PC에 표시된 18포인트 크기의 글자가 선명하게 보였다. 마치 그 노트북 PC가 내 무릎 위에 있는 것만 같았다. 다시 확인해보았다. 컴퓨터는 10미터 떨어진 거리에 있었을뿐더러 방향도 망원경과 일치하지 않았다. 망원경에 뚜렷하게 잡힌 글자는 근처에 놓인 유리 주전자에 반사된 것이었다. 이곳 독일 자를란트대학에 있는 자신의 연구실에서 수행된 실험에서, 베케스는 엄청나게 다양한 종류의 물건이 반사하는 비밀정보가 즉각 컴퓨터 화면에 표시되고, 정보를 노리는 자의 카메라에 잡힐 수 있다는 사실을 보여주었다. 안경은 물론이고 커피잔, 플라스틱 병, 금속 액세서리, 심지어 컴퓨터 사용자의 안구조차도 그랬다. 이렇게 정보를 바라보는 것만으로도 정보가 새어 나갈 여지가 있다.

모니터 화면이 반사되는 것은 이른바 컴퓨터가 정보를 샛길로 흘리는 것이라 할 수 있다. 즉 민감한 데이터를 보호하기 위한 정상적인 암호화와 운영체제에 의한 통제를 비껴가게 해주는 여러 가지 보안상 허점 가운데 하나다. 최근에는 키보드 입력을 가로채는 다섯 가지 방법이 시연되기도 했는데, 그중에는 어떠한 소프트웨어도 컴퓨터에 심어놓을 필요가 없는 방법이 있었다. 고도

*가정용 공유기도 해당된다.

의 기술을 활용해서 네트워크 스위치의* LED 불빛이 깜빡거리는 것이나, 모니터에서 방출되는 전자파의 미묘한 변화를 감지해서도 정보를 빼낼 수 있다. 작동음이 매우 큰 일부 프린터들은 이 소리를 분석함으로써 인쇄되고 있는 내용을 알아낼 수도 있다.

비밀리에 수행되는 국방 관련 과제는 해당되지 않겠지만 컴퓨터 보안 전문가들 대부분은 어떻게 하면 더욱더 강력하게 네트워크를 보호하고 정보를 암호화할 수 있는지에만 몰두했을 뿐, 이처럼 샛길로 새어 나가는 정보를 노리는 공격에는 그동안 무관심했다. 하지만 이들이 몰두해온 방법으로는 컴퓨터나 네트워크 내부에 저장된 정보만 보호할 수 있을 뿐이다. 샛길로 새어 나오는 정보를 노리는 공격은 컴퓨터의 정보가 보호되지 않은 형태로 현실 공간과 만나는 시점을 노린다. 바로 키보드, 모니터, 프린터 근처 등 정보가 암호화되기 직전 또는 암호화된 정보가 해독되어 읽을 수 있는 형태가 된 순간 등이다.

이러한 공격은 공격 여부를 확인할 컴퓨터에 어떠한 기록이나 흔적도 남기지 않을뿐더러 이런 일이 몇 번이나 있었는지조차 파악할 수 없게 만든다. 보안 전문가들이 모두 동의하는 한 가지 사실이 있다. 금전적 혹은 국가적 가치가 있고 새어 나갈 우려가 있는 정보라면, 시간문제일 뿐 결국엔 그 정보는 새어 나가게 마련이라는 점이다.

2-2

단 한 번의 클릭으로 당신은 감시받게 된다

샛길로 흘러나오는 정보를 훔치는 아이디어의 역사는 PC보다도 오래되었다. 1차 대전 때 사용하던 전화기는 지표(地表)를 전화선의 일부분으로 사용했기 때문에 쇠막대기를 땅에 꽂고 여기서 감지된 신호를 증폭시켜 대화를 도청하는 방법으로 상대방의 전투 명령을 엿들을 수 있었다. 1960년대에 미군은 모니터가 방출하는 전자파를 연구하는 '템페스트(Tempest)' 프로젝트를 수행했다. 이는 요즘 정부나 금융기관에서 사용하는 차폐기술의 시초다. 템페스트의 차폐기술이 사용되지 않았다면, 음극선관* 모니터에서 방출되는 전자파를 옆방이나 심지어 옆 건물에서 감지해서 모니터 화면을 한 줄 한 줄** 완벽하게 재현해낼 수 있다.

음극선관 모니터에 비해 낮은 전압으로 구동되고, 화면을 한 줄씩 표시하지 않는 LCD 모니터로 화면 표시장치가 대치되면서 사람들은 템페스트 기술을 쓸모없는 것으로 여기게 되었다. 그러나 2003년 케임브리지대학 컴퓨터 연구소의 마르커스 쿤(Markus G. Kuhn)은 실제로 노트북에 사용되는 평판 모니터를 포함한 모든 평판 모니터의 연결선에서 방출되는 미약한 전자파 신호를 몇 미터 거리에서 포착해 화면을 재구성할 수 있음을 보여주었다. 모니터 화면은 1초에 60회 이상의 빈도로 반복해서 표시되므로, 화면에서 변하지 않는 부분을 걸러내면 변한 부분만이 남는다. 따라서 사용자가 글자를 입력하고 있다면 이 부분을

*흔히 브라운관 또는 캐소드 레이 튜브Cathod Ray Tube, CRT라고 부른다.

**음극선관에 표시되는 화면은 몇백 줄로 이루어져 있으며 실제로는 아주 빠른 속도로 위에서부터 차례대로 한 줄씩 표시된다.

가지고 글자가 무엇인지 알아낼 수 있다.

쿤은 "30년 전에는 군대에서 쓰는 장비가 있어야만 이 같은 유의 전자기적 분석이 가능했습니다"라고 말하며 "오늘날에는 웬만한 전기 전자 분야 연구실은 아직은 부피가 큰 이러한 장비들을 갖추고 있습니다. 하지만 머지않아 이 장비들은 노트북 PC에 내장시킬 수 있는 크기가 될 겁니다"라고 덧붙였다.

스위스 로잔에 있는 연방공과대학의 대학원생인 마르탱 뷔아그노(Martin Vuagnoux)와 실뱅 파시니(Sylvain Pasini)에 따르면 일반적인 무선 감시장비를 이용해서도 모니터의 경우처럼 키보드에 입력되는 내용을 옆방에서 감지할 수 있다. 이 기술은 전자회로가 동작할 때 전원부에서 공급되는 전류량 변화를 감지하는 방식이 아니어서 교류 전원이 아닌 배터리를 사용하는 노트북 PC에도 적용할 수 있다고 한다.

뷔아그노와 파시니는 2008년 촬영해 인터넷에 올린 동영상을 자랑스럽게 보여주었다(https://youtu.be/oM-J5C5ZBZ8). 그들은 키보드에서 발생하는 전자파를 20미터 떨어진 벽 뒤에서 수신한 뒤 키보드 입력 내용을 훔쳐내는 네 가지 기술에 대한 논문을 학회에서 발표하려고 준비 중이었다. 그중 한 가지 방법은 정확도가 95퍼센트나 되었다. "키보드는 가로줄과 세로줄의 전기 신호를 조합해서 어떤 키가 눌렸는지를 판단합니다." 10여 년 전에 이 방법을 고안한(하지만 시연을 해주지는 않았다) 쿤이 말을 잇는다. "이때 미약한 전파가 방출되는데 이 전파의 시간 간격을 이용해서 어떤 키가 눌렸는지 알아내는 거죠."

2008년 샌타바버라 캘리포니아주립대학 지오바니 비냐(Giovanni Vigna) 연구팀은 전자파를 수신하지 않고도 키보드 입력을 가로채는 새로운 방법을 발표했다. 이 방법은 노트북에 내장된 평범한 웹캠을 이용한다. 연구팀이 만든 클리어샷(ClearShot)이라는 이름의 소프트웨어는 키보드를 입력하는 손가락의 움직임을 이용한다. 이 프로그램은 손가락 움직임 추적과 언어학적 추론을 동시에 활용해서 입력되고 있는 글자를 찾아낸다. 연구 결과에 따르면 입력을 알아내는 속도는 사람이 판단하는 것과 비슷했지만 정확도는 그에 미치지 못하는 것으로 나타났다.

다른 사람이 자신의 웹캠을 이런 용도에 사용하도록 허락해줄 사람이 누가 있을까 싶지만 실상은 기대했던 바와 다르다. 클릭재킹(Clickjacking)이란 기법을 이용하면 평범한 웹페이지 링크를 클릭하는 것처럼 쉽게 웹캠 영상을 얻어낼 수 있다. 2008년 10월, 화이트햇시큐리티사(WhiteHat Security) 제레미야 그로스먼(Jeremiah Grossman)과 색시어리사(SecTheory) 로버트 한센(Robert Hansen)은 여러 웹브라우저와 어도비사(Adobe)의 플래시(Flash) 소프트웨어에, 이들 소프트웨어 등을 이용해 악성 웹사이트가 사용자 컴퓨터의 마이크와 카메라에서 사용자 모르게 소리와 영상을 빼낼 수 있는 허점이 있다는 사실을 밝혀냈다. 단 한 번 잘못된 웹사이트 주소를 클릭하기만 해도 누군가 당신을 감시하는 결과를 불러올 수 있다.

"나는 네가 한 일을 알고 있다"

"정보 가로채기 기술은 대부분 특별한 장비를 갖춘 전문가만이 활용할 수 있습니다. 반면에 반사된 영상을 이용하는 방법은 500달러짜리 망원경만 있으면 누구라도 해낼 수 있고, 이를 완벽하게 막기도 힘듭니다." 베케스의 지적이다.

독일 자르브뤼켄에 있는 막스플랑크 소프트웨어 시스템연구소(Max Planck Institute for Software Systems, MPI-SWS) 고문인 베케스는 이전에 스위스 취리히 IBM연구소에 근무할 때부터 암호화 관련 수학 연구로 명성이 높았다. 요즘은 매년 자신이 지도하는 학생들과 단순히 재미로 새로운 과제를 수행하기도 한다. 2009년에는 은행, 병원, 항공사 등에서 여전히 쓰이고 있는 시끄러운 프린터 도트 매트릭스(dot matrix)가 인쇄할 때 내는 소리를 인쇄된 내용으로 변환하는 프로그램을 개발했다. 이후 이 기술을 잉크젯 프린터에도 적용할 수 있을지 실험 중이다. "물론 이게 훨씬 어렵습니다. 잉크젯 프린터가 훨씬 조용하니까요." 베케스의 말이다.

베케스가 작년에 재미로 한 연구는 대학원생이 맹렬하게 자판을 두들기던 연구실 앞을 지날 때 떠올린 것이었다. '뭘 그렇게 열심히 하고 있지?' 하는 생각에서 연구실을 들여다본 베케스의 눈에는 책상 위 주전자에 붙은 자그마한 희고 파란 조각이 보였다. 그것이 컴퓨터 화면이 반사된 것임을 깨달았을 때 아이디어가 떠올랐다. "다음날 상점에서 (435달러에) 평범한 망원경과 6메가픽셀 디지털카메라를 샀습니다."

두 기기는 아주 잘 작동했다. 중간 크기 글자는 수저나 와인잔, 벽시계에 반사된 모습만으로도 선명하게 보였다. 반짝이는 표면이면 어떤 것이든 상관이 없었지만 넓은 공간의 모습을 반사하는 곡면일 때는 목표 지점을 찾기가 쉬워서 특히 효과적이었다. 그런데 안타깝게도, 컴퓨터 모니터 앞에 앉아 있는 사람이라면 거의 누구나 공 모양에 가까우면서 반사능력이 뛰어난 물체를 모니터 바로 앞에 놓는다. 그 물체는 바로 안구(眼球)다. 안구가 반사하는 화면에서 정보를 읽어내는 것이 과연 가능할까?

이를 위해 더욱 성능이 좋은 망원경과 카메라가 필요했다. 사람의 안구는 보통 1초 정도씩 움직임을 멈추므로 흔들림 없는 영상을 찍으려면 빠른 셔터 속도가 필요했다. 베케스는 "멀리서 안구에 비친 화면을 잡아내려면 해상도가 아니라 반사된 영상의 밝기가 중요합니다"라고 말한다.

1,500달러짜리 망원경을 새로 구입하고, 6,000달러짜리 천체관측용 카메라를 하이델베르크에 있는 막스플랑크천문학연구소(Max Planck Institute for Astronomy)에서 대여했다. 이제 10미터 떨어진 곳에서 안구에 반사된 72포인트 크기의 글자를 식별할 수 있었다.

그는 천체관측에서 먼 곳에 있는 은하의 사진을 찍은 뒤 선명한 화면을 얻어내는 데 이용하는 디컨볼루션(deconvolution) 기법을 이용하면 더욱 효과적일 것이라 생각했다. 이 방법은 본래 화상에서 광원(천체사진에서는 별, 여기서는 모니터의 픽셀)이 카메라에 포착되었을 때 어떤 형태로 번지는가 하는 것을 역으로 이용한다. 수학적 기법을 이용해 흔들린 광원의 모습에서 광원의 본래 위치를 찾아내어 화면의 선명도를 높이는 데 이 기법을 적용한 소프트웨어를 이용하자 승용차 안에 숨길 만한 크기의 망원경으로 10미터 거리에서 36포인트 크기의 글자를 읽을 수 있었다. 더 큰 망원경을 쓴다면 당연히 훨씬 더 성능을 높일 수 있을 것이다.

베케스는 관련 연구 결과를 미국전기전자학회(Institute of Electrical and Electronics Engineers, IEEE)의 '보안 및 사생활 보호 학술대회(Symposium on Security and Privacy)'에 발표했고 향후 개선에 대한 아이디어도 이미 구상해 놓은 상태다. 그에 따르면 "진짜 스파이라면 눈에 보이지 않는 레이저를 이용할 수도 있다"고 한다. 그렇게 하면 안구에 자동으로 초점을 맞추는 것도 가능하고 흔들림 제거 기법 효과도 상승할 것이다. 스파이라면 흐릿한 이미지를 여러 개 합쳐 하나의 선명한 이미지를 만들어내는 헬리콘소프트(HeliconSoft) 프로그램을 활용하는 것도 가능할 것이다. 이 소프트웨어는 본래 화면에서 선명한 부분은 그대로 남겨둔다. 또한 극단적으로 밝기 차이가 나는 동일한 화상을 조합해서 밝은 부분과 어두운 부분 모두를 표현하는 이미지를 만들어내는 소프트웨어도 이용할 수 있다.

어디를 어떻게 막아야 할까?

어떤 면에서는 지나치게 다양한 입출력 수단을 갖춘 요즘의 컴퓨터에서 정보를 보호하기란 스팸메일이나 피싱, 바이러스를 막는 것보다도 어려울 수 있다. 정보가 샛길로 빠져나가는 것을 막아주는 소프트웨어 같은 건 존재하지도 않는다. 이는 한편으론 아직까지 이런 방법으로 타인의 컴퓨터에서 정보를 빼내려는 시도가 흔치 않다는 의미이기도 하다. 베케스와 쿤은 군대의 정보 부서에서는 이미 이런 기술을 사용한다고 보면 된다고 말하면서도 구체적인 사례를 들지는 않았다.

베케스의 연구실 창문 블라인드는 내려져 있었다. 커튼은 어딘가에 반사된 모니터 화면이 밖으로 새어 나가는 것을 막는 간단한 장치다. 하지만 사람들이 항상 커튼을 쳐놓고 일을 하지는 않는다. 흔히 옆 사람이 볼 수 없도록 하는 필터를 모니터에 부착해서 사용하기도 하지만, 이 필터는 사용자 안구에 비치는 모니터 화면의 밝기를 높이는 효과를 내기 때문에 도리어 정보 유출 가능성을 높일 수 있다.

평판 모니터는 편광된 빛을 방출하기 때문에 이론적으로는 편광 필름을 창문에 부착하면 모니터 화면이 외부로 새어 나가는 것을 막을 수 있다. 하지만 실제로는 그렇지 못하다. 편광 필름을 이용해서 빛을 차단하려면 각도가 완벽히 맞아야 하는데 그렇게 만들기가 어렵고, 성능 좋은 망원경은 조금만 빛이 새어 나가도 여전히 화면의 내용을 잡아낼 수 있기 때문이다.

쿤은 스파이가 컴퓨터에 접근하는 이제까지의 방법과 비교해볼 때 샛길로 새어 나가는 정보를 노리는 방법에는 몇 가지 근본적인 제약이 따른다는 점을 지적했다. "일단 목표에 충분히 가깝게 접근해야 하고, 상대가 실제로 정보를 보고 있을 때라야 합니다. 상대가 이메일을 열어 전체 시스템의 정보를 빼내는 소프트웨어를 깔게 만드는 게 훨씬 쉽죠. 그것도 동시에 몇백만 명의 사람을 상대로 말입니다."

이러한 이유 때문에 샛길로 새는 정보를 취득하는 방법이 스팸이나 악성 소프트웨어 등의 네트워크를 통한 방법처럼 흔해질 가능성은 없다. 대신 금융권이나 정부, 기업 고위 담당자의 컴퓨터처럼 가치가 높은 대상이 이용될 가능성은 있다. 아마 성공만 한다면 보안 부서가 조사할 만한 흔적을 아무것도 남기지 않는 동시에, 철통 보호되는 네트워크 보안 시스템을 우회하는 가장 손쉬운 방법이 될 수도 있을 것이다. 미확인 정보에 따르면 이미 이러한 시도는 흔하게 이루어지고 있다. "일부 투자은행의 경우 해킹이나 호텔 청소부를 가장한 하드디스크 복사에 의해 정보가 유출된 것으로 보기에는 석연치 않은 경우가 있었다고 합니다"라고 쿤은 말한다. "제가 아는 한, 그로 인해서 붙잡힌 사람은 여태껏 없었습니다."

2-3 도청기술의 놀라운 진화

휘필드 디피 Whitfield Diffie · 수전 랜도 Susan Landau

남의 말을 엿듣고 싶다면 가까이 다가가서 귀를 기울여야 한다. 저택 거실에서 오가는 대화를 엿듣고 싶다면 문자 그대로 처마에 매달려야 한다. 전화통화를 엿듣고 싶다면 전화선 중간 어딘가에서 몰래 전화선에 접속해야 한다. 오늘날처럼 사이버세상에서 수없이 많은 일이 벌어지는 시대에는 스파이도 사이버세상 속으로 들어가야만 한다.

물리적 접근에 한계가 있던 과거와 달리 사이버공간은 인간이 만들어놓은 곳이다. 사이버공간 구축을 위해 우리가 투입한 자원은 사이버공간의 규칙, 설계와 더불어 스파이 활동과 사생활, 보안이 상호작용하는 방식을 결정한다. 오늘날에는 정부기관이 사이버공간에서 통신을 가로채는 능력을 확충하고, 정부의 첩보 활동에 민간보다 많은 권한을 주려는 추세가 뚜렷하게 존재한다. 이렇게 함으로써 범죄나 테러에 더욱 효과적으로 대비할 수 있음이 분명한 사실이다.

그런데 이 경우의 단점은 확실치 않아 보이지만 다음과 같은 것들이 있다. 일단 합법적 감청을* 위해서 인터넷망에 각종 장비가 부가됨으로써 인터넷이 태생적으로 갖추고 있는 신속하고 자생적인 구조 덕분에 창출된 많은 비즈니스 기회가 약화될 수 있다. 장비를 추가하는 데 드는 비용만으로

*도청盜聽은 불법, 감청監聽은 합법적 행위를 지칭하는 용어로 사용했으며, 포괄적 의미로는 도청을 사용했다.

도 미국에서는 수많은 중소 규모의 인터넷 회선회사들이 어려움에 처할 수 있고, 인터넷망 운영을 정부가 주도하게 되면 오히려 정부가 해야 할 통신망 유지 및 혁신의 선도자 역할이 위협받을 수도 있다.

또한 인터넷망에서의 감청능력을 확보하는 데 주력하다 보면 국민의 정치적 자유가 약화될 가능성도 있다. 이는 결과적으로 사이버공간의 보안에, 궁극적으로는 국가안보에 해가 될 수도 있는 일이다. 미국이 통신망 전반에 걸쳐 설치한 강력한 감청 시스템이 올바른 용도에만 사용될 거라고 어떻게 장담할 수 있겠는가? 경찰과 정보기관이 부패로 인해서건, 아니면 단순한 열의 때문에라도 헌법을 위배하면서까지 자국민 감시에 이런 시스템을 이용할 수도 있는 일이다. 어떤 감청 시스템이라도 남용될 가능성은 있게 마련이다. 범죄자나 테러리스트, 혹은 다른 나라의 정보기관이 미국의 감청시설에 숨어들어와 이들 장비를 미국에 적대적인 목적으로 쓸 수도 있는 노릇이다. 이러한 두 가지 위험성에 대비하려면 완전히 다른 두 가지 구조를 적용해야 한다.

이런 사안들은 국가적 논쟁거리가 되기에 충분하다. 하지만 안타깝게도 정보기관의 활동, 특히 감청과 관련된 행동은 안갯속에 가려져 있어 국민들의 참여가 거의 어려운 것이 현실이다.

간략히 살펴보는 도청의 역사

감청을 둘러싼 논란을 이해하려면 통신기술의 역사를 살펴볼 필요가 있다. 19세기에 전화가 발명되고 20년 정도 세월이 흐를 때까지 음성통화란 교환기를 통해서 통화 상대를 직접 연결하는 방식이었다(circuit-switched system). 누군가와 통화를 하려면 둘 사이에 스위치 몇 개가 존재해서 양쪽을 전선으로 이어야 했다. 이처럼 물리적으로 전선이 연결된 회로가 통화가 지속되는 동안 존재하고, 통화가 끝나면 스위치가 연결을 끊음으로써 또 다른 사람이 통화를 할 수 있게 된다. 교환국에서 하는 일은 사실상 스위치를 켜고 끄는 일밖에 없었다. 이처럼 착신전환이나 음성메시지 전달 등 전화를 이용한 여타 서비스를 기계가 아닌 사람이 직접 수행했다.

미국에서 도청은 불법과 합법을 오갔다. 최초의 도청(wiretapping)은 말 그대로 전선(wire)을 덧붙이는(tapping) 형태로, 가입자와 전화국을 연결하는 전화선에 다른 전선을 연결해 여기에 이어폰을 부착한 뒤 오가는 대화를 녹음하는 식이었다. 이후에는 아예 전화국 교환기에 전선을 붙이는 형태로 발전했다. 초기에 법원은 이런 방식의 감청에 대해서 용의자 자택에 침입 흔적이 없다면 이를 수색행위로 볼 수 없다는 태도를 보였으나(따라서 수색영장이 필요 없다) 세월이 흐르면서 태도를 바꾼다. 1967년 연방대법원은 카츠(Katz)와 국가 사이의 재판에서 감청은 수색행위의 일종이므로 이를 위해서는 영장을 발부받아야만 한다고 판시했다. 이 판결에 따라 의회는 1968년 범죄 수사를 위한 감청영장 발부를 법제화한다. 그러나 이 법은 외국 정보기관들에 대한 감청을 법의 사각지대에 놓는 결과를 초래했다. 1972년의 워터게이트 사건에 대한 의회 보고서는 대통령이 지휘한 감청 작전의 역사와 함께 이 사건이 보여주었듯이 감청 혹은 도청이 적성국에 대해서뿐만 아니라 평화적인 국내의 정치 집단에도 남용되었음을 드러냈다. 결국 1978년 의회는 미국 내에서 외국과 외국 정보원의 활동을 감시하는 법적 근거가 되는 해외정보감시법(Foreign Intelligence Surveillance Act, FISA)을 통과시킴으로써 논란의 첫걸음을 내딛었다.*

*이 법에 따르면 미국인이라도 외국을 위해서 하는 활동 때문이라면 이 법의 감시 대상이 될 수 있다.

미국 내에서 외국의 첩보 활동에 대한 감청은 대부분 무선 신호를 가로채는 방식으로 이루어지기 때문에 유선전화에 대한 경우만을 정해놓은 도청법의 범위를 넘어서는 경우가 많다. (미국 밖에서 활동하는 미국 정보기관 요원이 미국 내에서처럼 전화국에 가서 손쉽게 감청장치를 설치하기란 어려운 일이다.)

국내와 해외에서 벌이는 감청의 또 다른 커다란 차이는 규모에 있다. 전통적으로 미국에서의 감청은 일반적으로 중요 범죄에만 적용되는 강력한 수사 수단으로 여겨진다. 하지만 미국 밖에서는 엄청난 규모로 감청이 벌어진다. 미국국가안전보장국은 외국의 통신 내용을 수집하기 위해서 지상, 선박, 항공기, 위성에서 감청장비를 운용하는 데 매년 몇십 억 달러를 쓰고 있다.

그러나 가장 결정적인 차이는 감청이 이뤄지는 절차에 있다. 미국 내에서는 4차 수정 헌법의 "모든 국민은 부당한(unreasonable) 압수와 수색을 당하지 않을 권리가 있다"는 규정이 적용된다. '정당한' 수색이란 법 집행기관 요원이 사생활을 침해하지 않는 수준의 수사(피의자의 자택에 들어가지 않는)를 먼저 진행한 뒤에 법원에 가택수색이 필요한 '타당한 이유'와 함께 수색영장 발부를 요청해야 한다는 의미를 갖는다. 수색영장을 발부받고 난 후에는 집 안을 뒤져보건, 감청을 하건 간에 수색행위를 정당화할 만한 증거를 찾는 행위를 할 수 있게 된다. 이런 절차는 범죄 피의자만을 대상으로 하는 것이 아니라 정보기관 요원들의 업무 절차에도 마찬가지로 적용된다. 정보기관 요원은 입수한 정보에 의거하여 외국의 기관이나 개인을 감청할지 여부를 전문적 기준에 따라서 결정한다. 그리고 감청 작전의 성패는 감청을 통해서 얻은 정보의 가치와 투입된 노력에 따라 판단된다.

해외정보감시법에서 정한 규정은 '미국인'(미국 시민권자, 합법적 미국 거주자, 미국 기업)과 외국인, '미국 내에서의 통신'과 '미국과 해외의 통신', 유선통신과 무선통신의 세 가지 개념을 확실하게 구분하고 있다. 짧게 말하면, 미국 내에서의 유선통신은 보호된다. 즉 감청을 하려면 영장이 필요하다는 뜻이다. 그러나 미국 밖에 있는 사람과의 무선통신은 신호가 미국 내에서 수집되고, 정부가 지정한 감청 대상이 신원이 밝혀진 미국인이면서 감청 시점에 미국 내에 있을 때에만 보호된다.*

*여기에 하나라도 해당되지 않으면 영장 없이 감청해도 된다는 의미.

최근까지도 해외정보감시법의 적용을 받으려면 일반 형법을 적용할 때와 비슷한 과정을 거쳐야 했다. 영장을 신청하려면 정보기관 요원이 대상 위치와 함께 통신 채널이나 감청 대상을 특정하고, 왜 그 대상을 감시해야 하는지 근거를 제시해야만 했다. 이른바 '해외 첩보 활동식'으로 (영장 없이) 도청을 통해서 녹음된 대화로 도청을 정당화할 수는 없었다.

의회는 단지 규정 확정을 잠시 미루어놓은 것뿐이었지만 이 때문에 본래 의

도와는 전혀 다르게, 해외정보감시법의 규정에 중대한 허점이 발생하게 되었다. 비非미국인 간에 이루어지는 무선통신은 미국 내에서 이루어지는 경우라도 영장 없이 감청이 가능했던 것이다. 해외정보감시법이 통과되고 난 후 몇 년간, 정보기관들은 이 규정을 아주 요긴하게 써먹었다. 1960년대와 1970년대를 거치면서 대부분의 국제전화가 급속히 발전한 위성통신 기술을 통해 가능해지는 상황이 되었다. 이제 무선통신 당사자의 일부 혹은 전체가 비미국인이면 워싱턴 주 얘키모나 버지니아 주 빈트 힐 팜즈에 있는 미국국가안전보장국의 감청 안테나를 이용해서 감청하는 것이 완전히 합법적이 활동이 되었다.

1970년대에는 새로운 장거리 통신수단이 등장했다. 레이저 광선을 전송하는 가늘고 긴 유리선인 광섬유는 정해진 두 곳 사이의 통신에 엄청난 유용성을 보여준다. 광섬유망의 용량은 구리선에 비해서 훨씬 크다. 위성을 통해 중계되는 방법에서는 피할 수 없는 4분의 1초 지연도 없다. 광통신은 무선통신보다 태생적으로 보안성도 높다. 그리고 기술적·상업적 이유 때문에 가격이 매우 저렴하다. 1990년 이후, 대부분의 유선통신망은 광섬유로 대치되었다. 광통신은 물리적으로 연결된 통신 방식이기 때문에 미국 법에 의해서 보호받는다. 정보기관들은 이러한 광통신에 대한 감청을 무선통신처럼 쉽게 하는 것이 어려워지자 해외정보감시법을 건드리기 시작했다.

정보기관이 민감하게 여겼던 사안은 소위 중계통신이란 것이었다. 미국에서 이루어지는 통신 중 대략 20퍼센트 정도가 미국에서 발신되어 유럽, 아시아, 남미 등지를 거친 뒤 최종 목적지에 도달한다. 중계통신은 새로운 방식이 아니며, 이미 위성통신 시절부터 있어왔다. 하지만 해외정보감시법의 규정에 따르면 미국 내 광통신을 미국 내에서 감청하려면 영장이 필요했다. 감청 전에 타당한 이유를 대야만 영장을 발부받을 수 있다는 것은 정보기관 요원들로선 낯선 일이었다.

이와 거의 동시에, 미국의 전화망에서는 컴퓨터를 이용한 교환기가 오래된 전기-기계식 교환기를 대체하기 시작한다. 덕분에 자동 착신전환이나 자동응답 서비스가 가능해졌는데 본의 아니게 전통적 감청기술을 피할 수단이 등장한 셈이었다. 전화를 거는 사람이 감청 대상에게 전화를 걸어 전화회사가 제공하는 음성메시지를 남기는 경우를 생각해보자. 감청 대상이 된 인물이 자택 전화가 아닌 다른 전화로 음성메시지를 확인한다면 감청망을 통과하지 않아도 되므로 감청당할 위험이 사라진다.

의회는 이 문제에 대해서 '법 집행을 위한 통신지원법(Communications Assistance for Law Enforcement Act, CALEA)'을 제정하는 것으로 응답했다. 이 법에 따르면 전화회사는 감청 대상자가 제공받는 서비스의 종류에 관계없이 모든 통화 내용을 정부에 제출해야 한다. 이 법은 이것이 전통적 감청으로 얻는 내용보다 정보의 질이 높아야 함을 규정하는 동시에, 전화회사에 과거보다 훨씬 다양한 여러 종류의 감청을 진행할 의무를 부과했다.

인터넷에서의 감청과 관련된 올바른 정책 방향

CALEA가 통과된 시기는 전화와는 전혀 다른 방식의 통신수단인 인터넷 이용자가 급증하기 시작하던 때다. 인터넷에서 데이터는 작은 조각으로 나뉜 묶음인 패킷 형태로 전송된다. 각각의 패킷 내용에는 마치 편지봉투의 앞면처럼 목적지와 발신지의 인터넷 주소가 포함되어 있다. 교환기를 통해서 이루어지는 전화통화는 양쪽이 통화할 수 있도록 연결하는 데 필요한 과정이 통화의 길이와 관계없이 똑같다. 짧은 몇 마디를 전하려고 전화를 하는 것은 그리 경제적인 행동이 아닌 것이다. 그러나 패킷 형태로 정보를 보내는 통신망에서는, 정보의 양이 적을수록 비용이 덜 든다. 웹브라우징이 가능한 이유는 짧은 정보를 보내는 동안만 통신망을 쓰기 때문이다. 어떤 웹사이트의 링크를 클릭하면 그 웹사이트와 순간적으로만 연결이 되는 것이다.*

*화면에 표시되는 내용을 여러 개의 패킷으로 띄엄띄엄 내려받는 순간들만 연결된다는 의미.

교환기 시절에 감청이 가능했던 이유는 전화기, 전화번호, 사용자가 아주 밀접하게 연결되어 있었기 때문이다. 유선전화기는 자리를 이동시키기도 어렵고 새 전화번호를 발급받기도 어려웠다. 누군가 여러 내용을 전하고 싶다면 같은 전화선을 통해서 여러 번 전화를 해야 했으므로 그저 길목에서 자리를 잡고 그 내용을 훔쳐 듣기만 하면 되었다. 컴퓨터를 이용한 교환기와 인터넷으로 인해서 감시 활동은 훨씬 어려워졌다. 요즘엔 새 전화번호는 물론이고 이메일 주소나 SNS 계정처럼 의사소통을 위한 새로운 계정을 발급받는 일이 전혀 어렵지 않다. 그리고 인터넷 음성통화(Voice over Internet Protocol, VoIP)까지 가능해지면서 통신 방법이 훨씬 다양해졌다. 스카이프(Skype)같이 널리 이용되는 인터넷 음성통화 서비스는 전화를 연결할 때와 통화 내용을 전달할 때 정보의 경로가 완전히 다르다.

CALEA 법령을 문구대로 해석해서 인터넷 음성통화에 적용해보면, 서비스 제공자는 가입자의 통화 내용을 가로채어 정부에 전달해야 하지만 이는 기술적으로 불가능하다. 여행 중인 두 사람이 노트북 PC를 이용해서 인터넷 음성통화를 하는 상황을 가정해보자. 앨리스가 시카고 오헤어공항 대합실에서 샌프란시스코의 호텔 바에 있는 봅과 통화를 시도한다. 인터넷 음성통화 서비스 제공회사의 역할은 생각보다 단순하다. 일단 앨리스와 봅의 컴퓨터 인터넷 주소를 알아낸 뒤, 둘의 컴퓨터가 상대방을 인식하도록 만들어주는 것뿐이다. 실제 음성정보는 앨리스와 봅이 접속한 인터넷망을 관리하는 인터넷 회선회사들을 통해 전송된다.

상황이 이렇기 때문에 정부기관이 단 한 명의 용의자를 감청하려 해도 감청영장을 여러 개 발부받아야 한다. CALEA 규정에 따라 인터넷 음성통화를 감청할 때의 절차는 다음과 같다. 우선 인터넷 음성통화 서비스 제공회사에 감청 대상이 앨리스인지 혹은 봅인지를 알려준다. 인터넷 음성통화 서비스 제공회사가 법 집행기관에 대상자가 통화를 시작했다고 통보해주면, 법 집행기관은 감청 대상이 연결된 인터넷 주소를 파악해서 앨리스나 봅(양쪽 다일 수도 있다)의 인터넷 회선회사에 감청영장을 제시하고 통화를 엿들을 수 있다. 이때 인터넷 회선회사는 영장을 제시받는 즉시 실시간으로 감청을 실시할 준비가 되어 있어야 한다. 게다가 이런 절차의 허점은 인터넷 회선회사가 미국 (혹은 미국에 협조적인 국가) 내에 있을 때만 가능하다는 데 있다. 더욱 곤란한 문제는 이 방식에 커다란 보안상의 문제가 있다는 점이다. 일단 인터넷 회선회사 시스템에서 감청을 시작한 후에는 마음만 먹으면 그 회사의 모든 가입자를 기술적으로 감청할 수 있기 때문이다.

개정된 CALEA 규정은 인터넷을 '정보 서비스(information services)'로 분류하여 전통적인 의미의 전화와는 확실하게 구분한다. 그런데도 2004년 미국 법무부와 FBI, 마약단속청(U.S. Drug Enforcement Administration, DEA)은 인터넷 회선회사들의 협조를 얻으려면 CALEA 규정에 따라야 하기 때문에 인터넷 통신 감청이 여전히 어렵다고 주장했다. 연방통신위원회(Federal Communication Commission, FCC)와 법원은 전화 시스템에 대한 규정을 근본적으로 대치할 규정을 추가하는 방식으로 CALEA의 적용 대상을 '연결된 인터넷 음성통화'(기존의 전화와 같은 개념)에까지 확장해서 법 집행기관의 업무 수행을 돕는 방안을 고려 중이다. 이 제안이 받아들여진다면 기존의 감청 방식에서는 존재하지 않던 장애물을 제거하는 첫걸음이 될 것이다.

지금까지 인터넷은 뚜렷한 주체가 없이 분산된 형태로 연결되고 관리되는 특징 덕분에 혁신이 이루어지고 지속적으로 성장해왔으나 그간 정부의 움직임은 오히려 인터넷의 성장에 방해가 된 면이 많았다. 전화망과 달리 인터넷은 한곳에서 계획되고 관리되지 않는다. 전화에 착신전환 같은 새로운 서비스를 제공하려면 통상 기획과 개발에 몇 년이 걸린다. 하지만 인터넷에서의 새로운 사업은 가정용 PC에 인터넷만 연결되면 기숙사나 차고에서도 시작할 수 있다. 만약 법 집행기관이 모든 인터넷 통신 사업자에게 감청시설 설치를 요구한다면 업계 전체가 과거의 획일적인 통신산업 시대로 돌아가는 결과를 불러올 것이다. 새로운 인터넷 서비스가 강력한 감시능력을 확보해야만 한다면 정부의 승인을 얻기까지 긴 시간이 걸릴 것은 자명하다. 정보 기반산업에 많은 부분을 의존하는 시대에 미국인은 억압에 노력을 쏟을 것이 아니라 혁신을 추구해야 한다. 그렇지 못하면 미국과 다른 방식으로 달려가는 나라들에 뒤처질 수밖에 없고, 이는 장기적으로 국가안보에 위협이 되는 결과로 나타날 것이다.

더욱 시급한 문제도 있다. 소련이 붕괴한 이후, 어느 나라도 미국의 통신망을 대상으로 광범위하게 첩보전을 펼칠 능력이 없는 상황이 지속되어왔다. 소련은 대서양과 태평양 양쪽에서 미국 해안선을 감시하는 저인망 어선 선단을 보유하고 있었을뿐더러 미국 주요 도시에 외교시설을 가지고 있었고, 인공위성과 쿠바 하바나 근처 루르드 기지에 있는 시설을 이용해서 미국 전역을 감시했다. 소련의 정보전 능력은 최상급이었다. 이에 비해서 현재 미국에 가장 강력한 위협이 되는 세력인 알 카에다나, 심지어 중국조차도 이런 능력을 갖추고 있지 못하다. 하지만 이들도 인터넷을 이용한 감청을 포함해 과거 소련과 유사한 능력을 보유하고자 노력하고 있다. 인터넷에서의 정보는 컴퓨터를 이용해서 이루어지고, 이런 목적으로 사용되는 컴퓨터는 대개 원격으로 조종된다. 이런 시스템으로 컴퓨터의 정보를 빼내는 것은 웹사이트의 정보를 다운로드하는 것만큼이나 간단할 것이다. 감청과 관련된 정부의 정책 방향은 이런 광범위한 불확실성을 염두에 두고 평가되어야 한다.

사이버전쟁이 개인의 통신 보안을 위협할 순 없다

조지 부시(George Walker Bush)가 대통령이던 시절에 정부는 30년 전 해외정보감시법에서 규정한 통신 감시 제한 규정 몇 가지를 해제했다. 2007년에 의회는 백악관의 압력에 밀려서 미국보호법(Protect American Act, PAA)을 통과시켰다. 이 법의 내용은 무선통신에 대해 적용되던 미약한 규정을 모든 통신망을 대상으로 확대하여 해외정보감시법을 보완하는 것이었다. 이 법에 따라 통신 당사자가 미국 외에 있다고 여길 만한 타당한 근거가 있다면 영장 없이도 감청이 가능해졌다. 미국의 산업에서 해외로부터 조달되는 상품과 서비스의 비율을 생각해보면 이 법은 상당히 많은 미국 기업과 개인의 통신이 합법적으로 감청될 수 있음을 의미한다. 의회는 이에 대해 매우 부정적이었고 결국 이 법은 2008년에 폐기되었다.

몇 달간의 진통 끝에, 의회는 기본적으로 정부기관의 감청 권한은 확대하고, 국제적 사건에서 해외정보감시법이 규정한 법원의 역할을, 개별 사건마다 법원이 감청 여부를 판단하는 것에서 감청 요청기관이 제안한 일반적인 감청 절차를 승인하는 것으로 축소하는 법안을 통과시켰다. 그러나 이 법안으로 촉발된 정치적 논쟁은 막강한 권한을 갖게 된 정부기관에 대한 것이 아니었다. 대부분의 관심은 과거에 있었던 불법 감청에 소급해서 면죄부를 줄 것인가에 쏠려 있었다.

2-3

2008년 초에 행정부는 인터넷 보호라는 목적으로 통신 감시를 확대하는 새로운 지침을 내린다. 당시의 인터넷 보안 실태는 한마디로 최악이라고 해도 과장이 아니었다. 대부분의 컴퓨터는 소프트웨어를 스스로 방어할 능력이 없었고, 인터넷에 연결된 컴퓨터 중 상당수는 주인이 아닌 사람의 통제에 놓여 있었다. 주인이 모르는 사이에 많은 컴퓨터들이, 누군가에 의해 마치 노예처럼 조종당할 수 있는 상태가 된 컴퓨터 집합체인 봇넷의 일부가 된 상태였다. 이처럼 전통적 국방 개념의 한계를 벗어나는 공격에 대해 결단을 내린 부시 대통령은 1월, 국방부장관에게 '사이버전쟁 대비 계획(Cyber Initiative)' 마련을 지시한다. 계획의 내용 대부분은 비밀로 분류되어 있었지만, 미국을 드나드는 인터넷 통신의 상당 부분을 감시한다는 충격적인 내용을 끝까지 숨기기는 어려웠다. 이러한 대규모 감시가 가능하게 만들기 위해 정부는 정부기관과 인터넷 연결 지점의 수를 몇천 곳에서 백 군데 이하로 줄이는 계획을 세웠는데, 그러려면 몇천 개나 되는 인터넷 주소를 폐기하거나 변경해야 했다. '사이버전쟁 대비 계획'에는 문제가 있었다. 외국의 침입을 탐지해서 이를 감시하려고 모든 통신 내용을 감시하는 시스템을 가동한다면 미국인과 미국 정부 사이의 합법적 통신 내용까지도 훔치게 되기 때문이다.

정부는 미국의 모든 통신망에서도 외국에서 첩보 활동에 썼던 방법과 능력을 유지하고 싶어 한다. 즉 감청 대상자가 누구인지, 감청 이유가 무엇인지를 기재한 후 영장을 발부받으러 법원에 가는 수고를 피하고 싶어 한다. 이런 관점을 지지하는 측의 주장, 즉 지금의 적은 특정 국가와 연계되어 있지 않고,

미국을 자유롭게 드나들뿐더러, 사이버보안에 중대한 허점이 있다는 주장에도 타당한 면이 있다. 인터넷은 경제 분야뿐 아니라 정부에도 주요한 수단으로 급속하게 자리 잡고 있으며 개인이 선호하는 통신 방법이기도 하다. 인터넷의 보안 실태는 노상강도가 들끓는 거리나 해적이 지배하는 바다와 마찬가지인 실정이다. 이런 상황에서 정부가 인터넷 질서를 바로잡으려는 것은 경찰과 군대가 도로와 해양에서 치안을 유지하는 것처럼 당연한 일이다.

하지만 컴퓨터의 보안능력을 확충하는 것과 달리 정부가 인터넷 경찰이 되겠다는 생각은 위험한 발상이다. 정부가 감시에 사용하는 장비와 소프트웨어가 과연 정부가 보호하려는 네트워크보다 안전할까? 그렇지 않다면 역으로 감시장비가 미국에 적대적 용도로 사용될 위험도 감수해야 하는 셈이다. 인터넷의 보안문제에 관련해서는 정부가 보호하려는 컴퓨터들이 이 때문에 지장받는 것 못지않게 보호 활동에 쓰이는 컴퓨터들도 괴롭힐 것이다. 정부가 컴퓨터와 관련된 기본적 보안문제를 해결하지 못한 상태에서 인터넷에 대한 감시를 확대한다면 재앙을 자초하는 셈이 될 것이다.

이러한 태생적 위험성은 정부의 법안이 비밀리에 추진되기 때문에 더욱 증폭된다. 통신 감시에 대한 최근의 접근 방법 논의에서는 '두 조직 규칙'을 참고할 필요가 있다. 보통은 핵무기 관리처럼 중요한 시스템은 조작할 때 동시에 두 사람이 함께 있도록 함으로써 안전을 확보한다. 최근까지의 법은, 정부가 감청 명령을 지시할 수는 있지만 전화회사가 실제 감청장비를 설치하도록 하면서 감청에도 이와 유사한 접근 방법을 요구하고 있었다. 이런 상황에서는 전화회사가 감청을 불법이라고 생각한다면, 자칫 잘못해서 자신들이 민형사상 책임을 질 것을 우려하여 감청에 비협조적인 태도를 보일 수도 있다. 그렇다고 해서 전화회사가 맡고 있는 역할을 없애버리면 중요한 감시 역할을 제거하는 것이 된다. 즉 전화회사의 역할을 없애는 식으로 절차를 만들면 의회와 법원, 언론의 감시를 받지 않는, 어쩌면 누구의 통제도 받지 않는 정부를 만드는 셈이 된다.

20세기에 세계가 사이버공간에 다가간 정도는 21세기에 비하면 극히 미미하다. 5,000년 전 최초의 도시를 만들었던 사람들처럼 지금의 우리는 미래의 인류가 살 공간을 만들고 있다. 인류에게 통신은 필수적 요소이며 개인 간의 통신은 국가안보와 민주주의에 없어서는 안 될 요소다. 새로운 통신기술의 사용이 일상화되고 심각한 국가안보 위협이 존재하는 시대에 사생활을 보호하기란 쉽지 않은 일이다. 그럼에도 개인의 사생활과 통신의 보안을 보장하면서 혁신을 만들어내는 방법을 찾아내야만 한다. 그렇지 못하면 자유로운 사회는 영원히 사라지고 말 것이다.

점점 복잡해지는 감시망

오늘날 음성통신 도청은 기술적으로 점점 어려워지고 있으며, 동시에 여러 곳에서 도청 대상에게 접근해야 한다.

과거의 도청

예전의 유선전화망에서는 도청 대상자의 집과 교환기 사이에 끼어들기만 하면 도청이 가능했다. 수사기관은 위성을 통해서 연결되는 국제전화도 손쉽게 도청할 수 있었다.

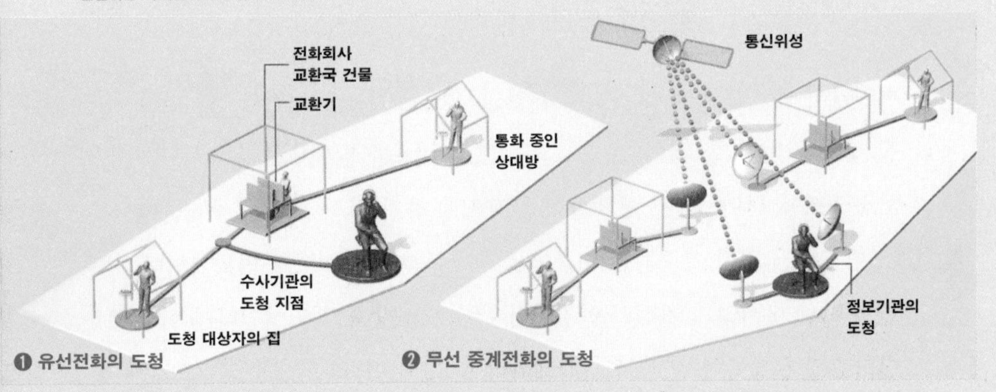

새로운 도청기술

교환기가 컴퓨터에 의해서 움직이게 된 후, 수사기관은 도청 대상자의 자동응답기와 착신 전환된 전화통화도 도청해야만 하게 되었다. 인터넷을 이용한 음성통화를 도청하려면 훨씬 복잡한 방법과 기술을 동원해야 한다.

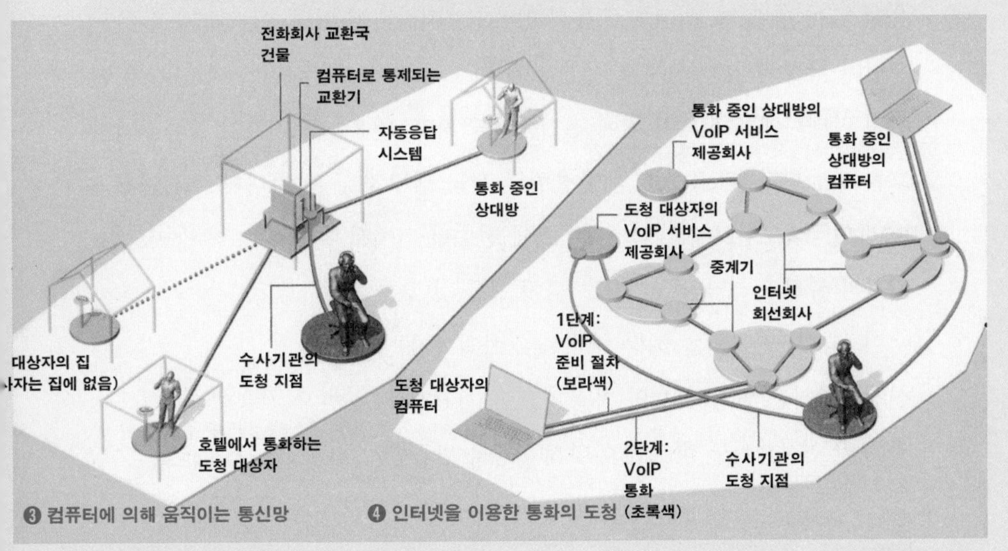

2-4 사방에 존재하는 추적장치

캐서린 알브레히트 Katherine Albrecht

머지않아 캐나다와 멕시코에 접해 있는 주의 주민들은 굉장한 하이테크 제품을 갖고 다녀야 할 것이다. 바로 무선으로 내용을 읽어내는 운전면허증이다. 미국국토안보부가 국경 통제를 효과적으로 하기 위해 보급을 추진하고 있는 이 카드는 국경에 접근하는 미국인을 식별하려는 목적으로 만들어졌다. 하지만 편리함 못지않게 자신의 안전이나 사생활을 중요하게 여긴다면 이 새로운 면허증을 신청하기 전에 꼭 생각해봐야 할 것이 있다.

새 면허증에는 RFID(radiofrequency identification : 무선인식) 기능이 담긴 작은 칩이 들어 있어서 10미터 거리에서 주머니나 지갑에 넣은 상태에서도 내용을 읽을 수 있다. 칩에는 고유식별번호가 저장되어 있다. 이 면허증을 가진 사람이 국경 출입국 사무소 가까이 가면, 판독기에서 발신된 전파가 칩에 연결된 안테나에 수신되어 칩에 전기를 공급하고, 칩은 자동적으로 고유식별번호를 발신한다. 카드 소지자가 출입국 관리 담당자 근처에 다다르면 번호는 이미 미국국토안보부 데이터베이스에 전송된 뒤여서, 화면에는 이미 카드 소지자의 사진과 기타 정보가 표시되어 있을 것이다.

이 '최신' 면허증은 해당 주에서도 아직까지는 신청자에게만 발급되고 있다.* 하지만 개인정보와 보안 전문가들에 따르면 이미 면허증을 발급받

*2016년 현재 캐나다와 접한 버몬트, 뉴욕, 미시건, 워싱턴, 미네소타 등 5개 주에서 이 면허증이 발급되고 있다.

은 사람들이 우려할 만한 사항이 있다. 부정한 마케팅 업무 종사자, 정부 요원, 스토커, 도둑, 그저 남을 엿보려는 사람 등등 판독기를 갖고 있는 사람이라면 누구도 카드 소지자의 동의 여부와 무관하게 카드에 담긴 정보를 주인이 모르는 새에 빼낼 수 있다. 게다가 고유식별번호가 개인정보와 연결된다면 이 면허증을 가진 사람이 신용카드 거래를 하는 순간 면허증의 칩이 카드 소유자가 누군지를 알려주는 셈이 된다. 사실 이 면허증은 많은 사람들이 지니고 다니는 물건인 교통카드나 출입카드, 학생증, 비접촉식 신용카드, 옷, 스마트폰, 심지어 농산물에도 달려 있는 RFID 기능을 면허증에 적용한 것일 뿐이다.

부착된 물건의 정보를 알려준다는 면에서 RFID를 다양한 물품의 재고관리에 이용되는 바코드에 비유할 수 있다. 물류 과정에서 상품에 붙은 바코드나 RFID 칩이 활용되는 사례를 보면 이것이 틀린 말도 아니다. 예를 들어 화장지 물류센터의 직원은 각각의 화장지에 있는 범용상품코드(Universal Product Code, UPC)를 파악하기 위해 화장지마다 붙어 있는 바코드를 찍는 대신, 물품 운반대에 붙은 RFID를 통해 고유일련번호를 읽는 것만으로도 운반대에 실린 모든 화장지의 등록을 마칠 수 있다. 고유일련번호는 운반대에 실려 있는 내용물의 자세한 목록이 저장된 중앙 데이터베이스와 연결되어 있다.

하지만 사람은 화장지가 아니다. 지난 10년간 소비자들이 사용하는 물건에 RFID 칩을 부착하는 추세가 지속되었고, 이제는 RFID의 강력한 추적능력 때문에 공식적인 물품 분류 문서가 심각한 보안 및 사생활 보호문제를 야기하는 지경에 이르렀다. RFID 칩 자체에는 보안 기능이 거의 없고, 현재의 법은 사방이 RFID로 도배가 된 세상에서 살아가야 하는 사람들을 보호해주기에는 매우 미흡하다.

이제 바코드는 잊어라

전파를 이용한 식별기술은 2차 대전 때 항공기 피아 식별 용도로 처음 선을 보였을 정도로 오래된 기술이지만, 1980년대 후반 미국 동부의 몇몇 주에서 E-ZPass라는 이름으로 전자식 요금 징수 시스템이 설치되기 이전까지는 이 기술이 사용된 사례가 드물다. 그러나 1999년이 되자 기업들이 수많은 물품을 분류하고 추적하는 데 적용될 수 있는 이 기술의 잠재성을 알아보기 시작했다. 같은 해, 합병을 통해 세계 최대의 생활용품 제조사가 된 프록터앤갬블질레트사(Procter & Gamble and Gillette)가 메사추세츠공과대학과 오토아이디센터(Auto-ID Center)라는 이름의 컨소시엄을 만들어 그때까지 모든 물품에 적용되던 UPC 바코드를 대체할 작고 효율적이면서도 저렴한 RFID 태그를 개발하기 시작한다.

2003년에 시제품이 발표된 후 100군데가 넘는 기업과 정부기관의 투자가 유치되었고, RFID 기술이 재고관리에 혁신을 불러오고 위조상품을 막을 수 있을 거라는 대대적 홍보가 펼쳐졌다.

RFID 사용을 촉진하기 위한 정부의 첫 번째 움직임은 미국연방조달국(General Services Administration, GSA)이 정부의 모든 기관장에게 "RFID 산업 진흥에 도움이 될 방법을 고려해달라"고 요청한 것이었다. 순식간에 사회보장국(Social Security Administration)에서 식품의약국(Food and Drug Administration)에 이르는 모든 기관이 RFID 도입을 검토하겠다고 나섰다.

비슷한 시기에, 세계적으로 유사한 움직임이 일어났다. 2003년 전 세계 여권의 표준안을 만드는 기관인 UN 산하 국제민간항공기구(International Civil Aviation Organization, ICAO)가 여권에 RFID 칩을 부착하는 방안을 지지하고 나선다. 국제민간항공기구는 모든 여권을 전자여권으로 만들 것을 촉구했으며 오늘날 미국을 비롯한 몇십 개 나라에서 표지에 RFID 칩이 내장된 전자여권이 발급되고 있다.

그러나 전자여권은 등장하자마자 사생활 보호와 보안이라는 측면 모두에서 논란의 대상이 되었다. 2006년에 제출된 보고서를 보면, 국제민간항공기구 관계자는 암호화를 통해 "전자여권 보유자 자신의 동의 없이는 여권의 내용이 읽힐 수 없을 정도 수준의 보안을 제공하겠다"고 약속했다.

보안 전문가들은 그 즉시 이것만으로는 부족하다는 점을 입증해 보였다. 2007년 영국의 보안 컨설턴트 아담 로리(Adam Laurie)가 편지봉투에 들어 있는 영국 여권의 암호를 풀고 칩에 저장된 개인정보를 읽어내는 데 성공한다. 비슷한 시기에 독일의 보안 컨설턴트 루카스 그룬발트(Lukas Grunwald)는 독일 여권의 칩에 있는 내용을 복사해서 다른 RFID 칩에 써넣은 뒤 전자여권 판독기를 통과하는 데 성공했다. 체코 프라하대학 연구진도 전자여권에서 유사한 허점을 찾아냈으며 "이런 허점이 여권을 목표로 하는 공격의 가능성을 줄이기보다 오히려 공격을 유도하는" 결과를 불러온다고 지적했다.

2-4

이처럼 문제점이 드러났음에도 RFID 보급 속도는 전혀 늦춰지지 않았다. 오히려 RFID는 전 세계적으로 내국인용 신분증에 광범위하게 채용되는 중이다. 말레이시아에서는 2,500만 장이 넘는 RFID 신분증이 발급되었고, 카타르에서는 개인정보에 더해서 지문까지 저장된 카드를 발급 중이다. RFID 업계에서 세계 최대 규모로 여기는 프로젝트는 60억 달러를 들여 거의 10억 명이나 되는 사람들에게 RFID 신분증을 발급하려는 중국 정부의 계획이다.

그러나 각국의 RFID 기반 신분증과 미국국토안보부의 새 운전면허증 사이에는 중요한 차이점이 있다. 대부분 국가의 신분증과 전자여권은 ISO 14443이라는 표준에 맞는 RFID 칩을 채용한다. 이 표준은 식별과 지불 기능에 초점을 맞추어 만들었고, 일정 수준의 보안과 사생활 보호 기능을 포함시켰다. 이와 대조적으로 미국 국경 통제에 쓰는 카드는 EPCglobal Gen 2라는 이름의 RFID 표준에 맞춘 것인데, 이 기술은 원래 물류창고에서의 물품 추적을 목적으로 개발했으며, 보안보다는 저장된 내용을 쉽게 읽을 수 있도록 하는 데 초점을 두었다.

기본적 암호화 기술이 적용된 ISO 14443 표준에 맞는 RFID 칩의 내용을 읽으려면 판독기 아주 가까이(몇 센티미터 이내) RFID 태그를 갖다 대야 한다. 반면에 Gen 2 태그는 일반적으로 암호화되어 있지도 않을뿐더러 보안 기능이 아주 기본적 수준에 머물러 있다. 암호화된 ISO 14443 칩에서 정보를 빼내려면 암호를 풀어야 하는 반면에 Gen 2 칩에서 정보를 빼내는 데는 특별한 기술이 전혀 필요치 않으며 그저 Gen 2 판독기만 있으면 된다. Gen 2 판독기는 전 세계 물류창고에서 쓰이는 물건으로 아무나 쉽게 구입할 수 있는 장비다. 해커나 범죄자가 이 판독기를 갖고 있다면 국경 통제용 카드를 지갑에서 꺼내지 않아도, 방 반대쪽이나 심지어 옆방에 있어도 다른 사람의 면허증에 담긴 내용을 읽을 수 있다.

2008년 4월 현재, 워싱턴 주에서 3만 5,000명이 넘는 운전자들에게 새 기능을 가진 면허증이 발급되었으며, 애리조나, 미시간, 버몬트처럼 국경에 인접한 여러 주에서도 이 면허증을 도입할 예정이다. 5월 1일 이후에는 뉴욕 주도 주민들에게 새 면허증을 발급할 예정이다.

그러나 RFID 기술을 도입한 새 면허증에서 예상되는 보안 취약성은 우려되는 여러 가지 내용 가운데 단 하나에 불과하다. 설령 향후 더욱 강력한 정보보호장치가 도입되어 RFID 카드의 내용을 무단으로 읽는 것을 막을 수 있다고 해도, 사생활 보호를 중요시하는 많은 사람들은 정부가 국민을 더욱 치밀하게 감시하고 통제하려는 목적에서 이 기술을 남용할 가능성을 우려한다.

일례로 중국의 신분증에는 건강정보, 임신기록, 취업 상태, 종교, 민족, 심지어 살고 있는 건물의 건물주 이름과 전화번호까지 어이없을 만큼 많은 개인정보가 담겨 있다. 더욱 좋지 않은 소식은 이 카드가 단순히 중국의 모든 도시를 감시하기 위한 기술의 일부분으로 개발되었다는 사실이다. 중국 정부에 RFID 카드를 공급하는 민간기업 차이나퍼블릭 시큐리티테크놀로지사(China Public Security Technology) 부사장 미카엘 린(Micahel Lin)은 《뉴욕 타임스》와의 인터뷰에서 이 기술이 "미래에 정부가 국민을 통제하는 수단"이 될 것이라고 당당하게 밝혔다. 설령 다른 나라들이 이런 방식으로 국민을 통제하지 않는다고 해도 결국 데이터 수집에 목을 맨 기업들이 발 벗고 나설 것이라고 주장하기도 했다.

일상을 둘러싼 RFID 칩

기업이 개인정보를 노리고 RFID 기술을 이용한다는 생각이 비현실적으로 보일 수도 있지만, IBM사가 2001년에 제출해서 2006년에 승인받은 특허를 보면 누구라도 생각이 달라질 것이다. 이 특허는 공식적인 데이터베이스에 저장된 정보를 얻지 못하거나 그 정보가 엄격히 제한되어 있는 경우에도 RFID 기술을 이용, 대상을 추적하고 관련 정보를 수집하는 방법에 관한 것이다. 특허 제목은 '상점 내에서 RFID 칩이 부착된 물품을 사용하는 고객의 식별 및 추적'이며, '고객 추적기'라고 불리는 네트워크로 연결된 RFID 판독기들을 이용해서 RFID 칩이 부착된 물건이 있는 곳, 즉 쇼핑몰, 공항, 기차역, 버스 정류장, 엘리베이터, 기차, 항공기 내부, 화장실, 운동 경기장, 도서관, 극장, 박물관 등 거의 모든 장소에 가는 사람들의 움직임을 낱낱이 감시할 수 있는 RFID 기술의 잠재력을 으스스할 정도로 잘 보여주고 있다.

매장에서 이 특허기술을 이용하는 방식은 다음과 같다. "(원하는 곳에 놓인) RFID 판독기가… 고객(이 들고 있는 물건)의 RFID 태그를 읽는다……. 고객이 매장 내에서 움직이면 다른 RFID 판독기가 고객이 집어 든 물건의 RFID 태그를 읽고 고객의 움직임을 추적한다. 고객 추적기는 이 고객이 다른 매장을 방문했을 때도 똑같이 동작하며, 방문 횟수도 함께 기록할 수 있다."

물건에 부착된 RFID 칩에는 개인정보가 들어 있지 않지만, IBM사는 이것이 전혀 문제가 되지 않는다고 말한다. "고객이 계산대에서 신용카드나 체크카드 등을 이용할 때 누군지 알게 되기 때문"이다. 이처럼 개인의 신원을 한 번만 RFID 고유번호와 연계해두면 이후로는 이 과정을 다시 거칠 필요가 없다. IBM사의 구상은 소매점에서 판매되는 물품에 부착된 RFID 칩을 이용해 고객의 행동 패턴을 추적하는 것이지만, 국경 통제용으로 쓰이는 카드를 활용하면 물품에 일일이 RFID 칩을 붙여놓을 필요도 없다. 워싱턴 주의 새 운전면허증은 월마트를 비롯한 대부분의 소매점에서 널리 사용하고 있는 재고 확인용 Gen 2 판독기로 손쉽게 내용을 읽을 수 있으므로, 매장 내에서의 고객 추적에 최적의 환경을 제공해주는 셈이다.

RFID 칩이 부착된 물건을 점점 더 많이 구입하고 심지어 입고 다니기까지 하는 사람들이 늘어나면서, 고객 추적기술은 특히 마케팅 분야에서 효과적으로 이용되고 있다. 현재까지 직원 신분증 몇백만 장과 더불어 신용카드와 현금카드 몇천만 장에 RFID 칩이 내장되어 발급되었다. 또한 유럽, 일본 등지에서 이용되는 RFID 기반 교통카드도 곧 미국에 도입될 예정이다. IBM사의 특허가 아직 실제로 이용되고 있지는 않지만 지금도 영국 앨턴 타워 놀이공원에 가면 RFID를 이용한 추적기술의 잠재력을 생생히 느껴볼 수 있다. 이 놀이공원에 입장하는 방문객은 고유번호가 딸린 RFID 밴드를 손목에 착용한다. 방문객이 놀이기구를 이용하려고 다가가면 공원 곳곳에 설치된 RFID 판독기가 이를 탐지해서 근처의 비디오카메라를 동작시킨다. 방문객은 놀이공원에서 나올 때 공원 내 여기저기에서 촬영된 자신의 모습이 담긴 DVD를 선물로 받게 된다.

RFID 기술이 불러올 위험에 눈감다

RFID 기술을 이용해서 놀이공원에서 하루에 사람들 몇천 명을 구분해서 촬영하는 것이 가능하다면 마케팅 부서나 일부 범죄자는 고사하고, 정부가 마음을 먹었을 때 심지어 어떤 일까지 가능할지는 불을 보듯 뻔하다. 필자를 비롯한 정보 보안업계 전문가들이 정부에서 발급하는 신분증이나 일반 소비자 물품에 RFID 기술을 이용하는 것을 극구 반대하는 이유가 바로 여기에 있다. 이미 오래전 2003년도에, 필자가 참여하던 '슈퍼마켓 개인정보 취득저지 소비자연합(Consumers Against Supermarket Privacy Invasion and Numbering, CASPIAN)'은 '프라이버시 권리정보센터(Privacy Rights Clearinghouse, PRC)', 전자개인정보센터(Electronic Privacy Information Center, EPIC), 전자프런티어 재단(Electronic Frontier Foundation, EFF), 미국시민자유연맹(American Civil Liberties Union, ACLU)을 비롯한 40개 민간단체와 함께 개인정보 보호의 필요성에 공감하면서 RFID 기술의 사람에 대한 적용이 부당하다는 규탄 성명을 발표한 바 있다.

이런 우려를 반영해서 10여 개 주에서 RFID 기술에서 소비자를 보호하는 법안이 발의됐지만, RFID 업계의 로비에 밀려 결국 모두 폐기되고 만다.

2006년 뉴햄프셔 주 상원에서는 RFID에 대한 강력한 규제를 도입하는 법안을 표결에 부쳤는데, 마지막 순간에 규제 대신 2년간 관련 내용을 검토하는 것으로 법안이 바뀌어버렸다. (필자는 이 검토위원회의 위원으로 임명된 바 있다.) 같은 해, 주정부 문서에 대한 RFID 기술 적용 금지 법안이 캘리포니아 주 상하원을 모두 통과했으나 당시 주지사이던 아널드 슈워제네거(Arnold Schwarzenegger)는 거부권을 행사했다.

연방정부 차원에서 소비자 보호와 관련된 RFID 관련 법안이 통과된 사례는 없다. 오히려 2005년 공화당 상원 첨단기술대책위원회(Senate Republican High Tech Task Force)는 RFID 기술을 "국가 경제에 엄청난 혜택을 가져다줄 놀라운 신기술"이라고 치켜세우며 RFID 기술이 법적으로 규제받지 않도록 해야 한다고 주장하기도 했다.

그래도 유럽연합(EU)의 규제 당국은 적어도 상황을 면밀히 검토하기는 했다. 유럽연합의 최고기관인 유럽연합집행위원회(European Commission)는 RFID 기술이 사생활 보호에 커다란 위협이 될 가능성을 인정하고 2008년 초 여론 수렴에 착수했다. 보고서는 2008년 7월 현재 준비 중이며 늦여름에는 공개될 예정이지만 소비자의 사생활 보호를 위한 규제가 마련될 가능성은 낮다. 유럽연합의 '정보사회 및 미디어위원회(Information Society and Media Commission)' 위원장 비비앤 레딩(Viviane Reding)은 2007년 3월에 행한 연설에서 RFID 기술을 규제하는 대신 기업들이 스스로를 규제하도록 만들 것이라고 말했다. 비비앤 레딩은 "RFID 기술에 대한 규제는 없을 거라는 점을 분명히 밝혀둡니다"라고 하면서 "과잉 규제를 할 것이 아니라 미약하게 규제해야 이 분야 기술이 발전합니다"라고 덧붙였다.

하지만 기업이 소비자 사생활 보호를 위해 스스로를 통제할 가능성은 거의 없다. RFID 기술의 표준을 정하는 기구인 EPCglobal이 내놓은 소매 분야에서의 RFID 활용 지침에 따르면, 제조자는 RFID 칩을 부착한 상품에 RFID 로고를 부착하는 식으로 소비자에게 이를 통지하도록 되어 있다. 하지만 이 단체의 회원사인 체크포인트시스템즈사(Checkpoint Systems)는 RFID 칩을 신발 바닥에 숨겨서 보이지 않게 만드는 방법을 개발하기도 했다. 이러한 사례에 대한 의견을 묻자, 당시 EPCglobal 회장이던 마이크 메란다(Mike Meranda)는 "지침에 강제성이 없으므로 이에 대해 EPCglobal이 할 수 있는 일은 없습니다"라고 답변했다.

워싱턴 주는 주민들에게 새 운전면허증에 내장된 RFID 칩이 "자체 전원을 갖고 있지 않으며" 이 칩에 "개인 신원을 확인할 단서가 들어 있지 않다"고 설명하면서 개인정보는 안전하게 보호된다고 홍보한다. 하지만 이는 카드가 추적당할 가능성 여부와는 아무런 관계가 없다. 당국의 이러한 발표 때문에 잘못된 인식을 갖게 되어 위험한 상황에 처해지는 사람이 있을 수도 있다. 문서와 상품에서의 RFID 사용에 소리 높여 반대하는 단체인 '가정폭력 근절을 위한 네트워크(National Network to End Domestic Violence)'는 가해자들이 피해자들을 감시하고 괴롭히는 데 RFID 기술이 이용된 사례를 모아 공청회에서 발표하기도 했다.

RFID 기술이 마구잡이로 퍼져나가는 동안, 워싱턴 주 면허 담당 부서 대변인 지지 젠크(Gigi Zenk)는 개선된 면허증 1만 장을 "실제로 주민들이 사용하고 있다"고 확인해주었다. 이 정도면 악의적으로 사용되기에 충분한 수량이고 그 수는 더욱더 증가할 것이다. 최근 워싱턴 주는 그다지 내켜하지 않는 가운데 "사기, 도둑질, 기타 불법적인 목적으로" RFID 카드의 내용을 읽는 행위를 'C급 범죄'로 규정하고 징역 5년 혹은 1만 달러 벌금형에 처하도록 하는 내용의 법안을 통과시켰다. 그러나 법안 어디에도 마케팅 등을 목적으로, 아니면 '주민을 통제하려는 목적으로' RFID 기술이 사용되는 것을 금지하는 내용은 없었다. 우리는 스스로 애써 위험을 무시하고 있는 것이다.

2-5 스마트폰을 습격하는 악성 소프트웨어

미코 히포넨 Mikko Hypponen

2004년 6월, 컴퓨터 보안업계는 올 것이 왔다 하는 심정이었다. 필자를 비롯한 관련 전문가들은 핸드폰이 악성 소프트웨어에 감염되는 것은 시간문제일 뿐이란 사실을 잘 알고 있었다. 핸드폰이 인터넷에서 프로그램을 다운로드하거나 MMS를 이용해서, 혹은 블루투스(Bluetooth) 연결과 메모리 카드 등을 통해 전 세계 스마트폰과 소프트웨어를 주고받을 수 있는 스마트폰으로 진화하면서 스마트폰의 태생적 특징은 취약점이 되어버렸다. 결국 사악한 인간들이 스마트폰의 약점을 찾아내어 악용하고 범죄에 이용하게 될 것이다.

보안 전문가들이 스마트폰을 노린 악성 프로그램을 발견한 건 이미 2003년의 일이었다. 카비르(Cabir)라는 이 프로그램은 이미 오래전에 만들어진 개념을 이용한 바이러스였는데, 목적은 자기과시에 있었다. 이 바이러스는 자신을 복제해서 다른 스마트폰으로 옮겨가기 위해 블루투스 연결을 시행한다. 이 때문에 전원을 조금 소비하는 것 말고는 딱히 해를 끼치지는 않았다. 아마 스페인 어딘가에 있는 것으로 보이는 이 프로그램의 개발자는, 어쩐 일인지 이 바이러스를 스마트폰에 심어서 퍼뜨리지 않고 웹에 올려두었다. 그러자 두 달도 지나지 않아 누군가 이를 동남아시아에 퍼뜨렸고, 한번 퍼진 바이러스는 금방 전 세계로 퍼져나갔다.

보안 전문가들이 카비르 같은 스마트폰 바이러스의 출현을 예견하기는 했지만, 누구도 그런 사태가 일어났을 때 대처할 방법을 갖고 있지는 않았다. 일단 바이러스가 출현하자, 필자를 비롯해 컴퓨터 보안업체 에프시큐어사(F-Secure)에서 근무하던 직원들이 웜 형태로 만들어진 이 바이러스를 면밀히 분석하기 시작했다. 그런데 문제는 이 바이러스를 분석하기에 안전한 환경이 존재하지 않는다는 데 있었다. 컴퓨터 바이러스라면 인터넷 연결을 끊은 컴퓨터에서 실행시키면서 분석하면 된다. 이에 반해서, 스마트폰용 악성 소프트웨어는 감염된 전화기의 전원을 켜지는 순간에도 퍼져나갈 수 있었다. 경우에 따라서는 순식간에 바다 건너로 퍼져나가기도 했다.

당시 분석용으로 보유하고 있던 카비르에 감염된 스마트폰이 넉 대였는데 건물 지하실로 자리를 옮겨 분석하면서 누군가 지하실에 들어오다가 의도치 않게 바이러스에 감염되지 않도록 입구에 경비원을 배치했다. 그해 말, 에프시큐어사는 이처럼 감염성 높은 악성 소프트웨어를 분석하기 위해 외부 전파가 들어오지 못하도록 알루미늄과 동으로 차폐한 연구실 두 곳을 만들었다.

최초 버전의 카비르가 상대적으로 별다른 해를 입히지 않았던 것에 비해, 일부 악의적 해커들이 이를 수정해서 만든 변종은 훨씬 악성에다 커다란 피해를 입히는 것이었다. 일부 해커는 이미 잘 알려져 있는 공격 방식을 선택했다. 핸드폰 바이러스에 감염되면 기기가 완전히 동작 불능에 빠지거나, 내부에 저장된 정보가 지워질 수 있고, 비싼 요금이 부과되는 번호로 전화를 걸 수도 있다. 2년도 되지 않아 스마트폰을 노리는 바이러스는 200종을 넘을 정도로 증폭했고, 이 속도는 1986년 최초의 컴퓨터 바이러스였던 브레인(Brain)이 발견된 후 컴퓨터 바이러스가 증가하던 속도와 비슷했다.

PC에서 악성 소프트웨어를 쫓아내기 위해 기울인 엄청난 노력은 허사로 돌아갔고, PC 악성 소프트웨어는 날로 증가해왔다. 지금까지 발견된 것만 해도 20만 종이 넘고, 오늘날 아무런 보호장치가 되지 않은 PC를 인터넷에 연결하면 몇 분 이내에 바이러스에 감염되고 만다. 20년간 바이러스 퇴치에 들어간 비용은 어마어마하고, 그저 과시용으로 만들었던 초기 바이러스는 스팸, 데이터 훔치기, 돈을 노리는 '범죄용' 바이러스가 판을 치는 시대의 문을 열어준 셈이 되었다.

지금으로선 핸드폰 악성 소프트웨어가 단지 약간 성가신 존재에 불과하지만 보안업계, 통신사, 스마트폰 제조사와 사용자들이 협력하지 않으면 PC 악성 소프트웨어보다 훨씬 심각한 문제를 일으킬 가능성이 높다. PC 악성 소프트웨어의 역사가 그리 길지는 않지만, 스마트폰 바이러스를 만드는 사람들이 어떤 방향으로 움직일지, 그들을 어떻게 막을지를 판단하는 데는 PC에서의 경험이 커다란 도움이 된다.

스마트폰 감염은 순식간에 일어난다

1988년, 많은 컴퓨터 전문가들은 바이러스를 새롭긴 해도 하찮은 존재로 여겼다. 이후에 드러났듯이 이러한 생각은 지나치게 순진한 것이었다. 핸드폰용 악성 소프트웨어의 시각은 PC의 1988년과도 같고 과거에 저질렀던 실수를 반복하지 않을 기회가 많지 않다.

과거에 저지른 실수 가운데 하나는 악성 소프트웨어가 그처럼 급속히 퍼지고, 다양한 변종이 만들어지고, 엄청나게 정교해질 거란 점을 일찍 알아채지 못했다는 사실이다. 바이러스의 확산 속도는 대상 컴퓨터의 수와 감염률에 따라 결정된다. 핸드폰의 경우에는 감염 대상이 되는 기기의 수가 엄청날뿐더러 증가 속도도 매우 빠르다. 이미 세계적으로 20억 대가 넘는 핸드폰이 보급되어 있을 정도다.*

*현재는 전 세계 인구와 맞먹는 70억 대에 가까운데 한 명이 핸드폰을 여러 대 소유하기 때문에 높은 수치가 나온 것이다.

물론 대부분의 핸드폰은 범용 운영체제를 이용하지 않는 오래된 모델이기 때문에 대체로 바이러스 감염 가능성이 낮다. 그러나 많은 소비자들이 공개 운영체제와 웹브라우저, 이메일 송수신 기능, 플래시 메모리, 블루투스 기능이 들어 있는 스마트폰으로 재빨리 옮겨가고 있다. 이러한 기능들 중 어떤 것도 쉽게 악성 소프트웨어가 전달되는 통로로 이용될 수 있다.

블루투스가 이용되는 예를 들어보자. 일부 웜은 감염된 스마트폰 가까이 가는 것만으로도 마치 감기처럼 다른 스마트폰이 옮게 한다. 블루투스가 장착된 스마트폰은 대략 10미터 정도 거리에서 블루투스가 장착된 다른 기기를 식별하고 파일을 주고받을 수 있다. 감염된 스마트폰은 근처에서 블루투스가 켜진 다른 스마트폰이 발견되기를 기다렸다가 활동을 개시하는 식으로 동작한다. 어디든 많은 사람이 모이는 장소라면 블루투스 바이러스에게는 최적의 환경이 주어지는 셈이 된다.

카비르 변종 중 하나는 2005년 핀란드 헬싱키에서 열린 세계육상선수권대회 경기장의 관중들 사이에서 너무나 빠르게 번져나가서, 경기장 측에서 전광판에 경고문을 표시할 정도였다. 대부분의 스마트폰에는 자신을 다른 기기에서 찾지 못하도록 하는 블루투스 설정 기능이 있어서 웜의 침입을 막을 수 있다. 하지만 많은 사용자들이 이 기능을 제대로 활용하지 않는다. 지난봄 컴퓨터 보안 관련 학회에서 발표를 하는 동안 청중을 대상으로 확인해본 결과, 거의 절반에 이르는 보안 전문가들이 블루투스 기능을 무방비 상태로 켜놓고 있었다. 일반인들에게는 이러한 비율이 훨씬 높을 테고, 이는 악성 소프트웨어가 퍼지기에 지나치게 우호적인 환경을 만들어준다.

스마트폰 증가세는 엄청나다. 스마트폰은 값비싼 제품이지만 이에 개의치 않는 소비자들이 폭발적으로 늘어났다. 시간이 갈수록 스마트폰에는 PC와 유사한 기능이 추가될 뿐 아니라 카메라, GPS, MP3 플레이어 같은 새로운 기능이 더해지면서도 가격은 떨어지는 추세다. 가입자들이 새로운 기능을 가진 스마트폰을 쓰면서 더 많은 통신비를 지출하기를 기대한 통신사가 보조금을 제공했던 것도 한 원인이었다. 스마트폰 제조사들은 2005년 4,000만 대가 넘는 판매고를 올렸고, 업계에서는 2009년이면 보급된 핸드폰이 3억 5,000만 대에 이를 것으로 예측한다.

중기적으로 볼 때 스마트폰 보급은 컴퓨터 보급률이 상대적으로 낮은 개발도상국에서 가장 빨리 진행될 가능성이 높다. 영국 리딩에 있는 첨단기술 컨설팅회사인 카날리스사(Canalys)에 따르면 2006년 첫 분기에 동유럽, 아프리카, 중동에서의 스마트폰 판매 증가율은 서유럽보다 두 배 높았다고 한다. 일부 전문가들은 몇몇 개발도상국이 유선 인터넷망에 대한 투자를 포기하는 대신 무선망을 설치해서 스마트폰을 컴퓨터 대신 보급할 것으로 예상하기도 한다. 무선망은 유선망에 비해서 구축과 유지에 드는 비용이 훨씬 저렴하다(또한 감시나 통제도 훨씬 편리하다).

이런 예상이 맞다면 머지않아 전 세계 컴퓨터 대부분은 스마트폰이 차지하게 될 것이다. 그리고 컴퓨터를 사용해본 적이 없는 수많은 인구가 스마트폰으로 웹서핑을 즐기면서 파일을 전송할 것이다. 스마트폰 악성 소프트웨어를 만들려는 세력에게는 너무나도 매력적이고 거대한 시장이 아닐 수 없다.

PC 바이러스의 경험에서 분명히 알 수 있듯이 공격 대상이 많을수록 이를 노리는 해커도 많아진다. 컴퓨터 바이러스 대부분은 주변에서 흔히 볼 수 있는 윈도우 운영체제만을 노린다. 마찬가지 이유로 현재 발견되는 스마트폰용 악성 바이러스는 스마트폰 운영체제의 70퍼센트를 점하는 심비안(Symbian) 운영체제를 탑재한 노키아, 삼성, 소니에릭슨, 모토로라의 스마트폰을 노리고 있다. 이와는 대조적으로, 마이크로소프트사의 포켓PC(PocketPC)나 윈도우 모바일(Windows Mobile), 팜사(Palm)의 트레오(Treo), 리서치인모션사(Research in Motion, RIM)의 블랙베리(Blackberry) 기기를 노리는 악성 소프트웨어는 드물다. 이는 심비안이 보급되지 않은 미국, 일본, 한국에 비해 보급이 활발한 유럽, 동남아시아에서 대부분의 스마트폰 바이러스가 발견되는 이유를 잘 설명해준다.

현재 북미의 통신망에서는 다양한 운영체제에 기반한 핸드폰이 사용되고 있다. 반면 일본과 한국에서는 오랫동안 리눅스 운영체제에 기반한 핸드폰이 사용되고 있고, 통신사들은 사용자가 자신의 핸드폰에 설치하고 이용할 수 있는 프로그램을 강력하게 통제하고 있다.

통신사들로서는 문제가 너무 커지기 전에 핸드폰 바이러스를 찾아내고 제거하는 방법을 가입자들에게 홍보하는 편이 바람직할 것이다. 또한 단말기 제조사들은 PC 제조사들이 그러하듯이 바이러스 퇴치 프로그램을 기본으로 탑재해야 한다. 각국의 규제 당국과 통신사들은 PC의 사례를 참조해서, 특정한 운영체제가 시장을 독점적으로 잠식하는 환경이 만들어지지 않도록 협조할 필요가 있다.

단순한 재미에서 돈을 노리는 범죄로

물론 다양성에는 좋은 점과 나쁜 점이 공존한다. 시간이 지나면 악성 소프트웨어도 발전을 거듭할 테고 정상적 소프트웨어의 기능을 방해하는 공격 방법도 다양해질 것이다. PC의 경우를 보면 바이러스는 트로이목마 형태, 웜, 스파이웨어(spyware)를 거쳐 최근에는 피싱 형태로까지 다양화되었다. 2003년 이후의 악성 소프트웨어 대부분은 실력 과시보다는 돈을 목적으로 만든 것들이다. 세계적으로 조직화된 사이버범죄가 일어난다. 이들은 금융정보, 사업기밀, 컴퓨터의 연산능력을 훔쳐서 돈을 번다. 스팸메일을 이용해서 바이러스에 감염된 컴퓨터들을 '봇넷'으로 만들어 다량의 이메일 사기나 피싱 사기를 치기도 한다. 회사의 전산망을 마비시키거나 파괴하고, 웹이나 이메일 서버를 망가뜨리고 돈을 요구하는 협박범들도 있다. 일부 국가는 정부기관이 사이버범죄를 다룰 전문지식과 인력을 확보하지 못하는 등 사이버범죄를 다룰 능력이 없어서 이를 방치하는 상황도 발생하고 있다.

돈을 노리는 바이러스가 늘어나는 것과 마찬가지로, 스마트폰을 노리는 악성 소프트웨어의 공격도 늘어날 것이다. 따지고 보면 모든 통화와 메시지도 금전거래라 할 수 있다. 이는 돈을 노리는 해커와 바이러스 제작자에게 엄청난 돈벌이 기회를 제공한다. 컴퓨터에는 돈을 지불하는 기능이 내장되어 있지 않지만 핸드폰은 다르다. 이를 노리는 세력이 곧 등장할 것이다.

실은 이미 나타나기도 했다. 레드브라우저(RedBrowser)라는 트로이목마 바이러스는 감염된 전화기가 켜져 있으면 러시아의 특정 번호로 끝없이 문자메시지를 발송한다. 각각의 문자메시지는 보낼 때마다 요금을 5달러 부과하는 것이어서, 이 바이러스에 감염된 피해자는 엄청난 금액의 요금 청구서를 받아 들게 된다. 일부 통신사는 가입자에게 이런 일에 대한 책임을 지우기 때문에 유료문자를 수신하는 범죄자들은 가만히 앉아서 돈을 벌어들인다. 한 가지 다행스러운 점은 레드브라우저가 아직까지는 러시아 내에서만 퍼져 있다는 사실이다.*

*이 바이러스는 스마트폰 이전의 핸드폰 소프트웨어에서 동작하던 것으로 지금은 사라졌으며 러시아 이외의 지역에서 퍼졌다는 사실도 보고된 바 없다.

최근 북미의 통신사들은 '모바일 지갑' 서비스를 시작했다. 이 서비스를 이용하면 특정한 형식의 문자메시지를 이용해 다른 계좌로 돈을 보낼 수 있다. 온라인 결제 서비스 회사인 페이팔

(PayPal)도 핸드폰을 이용해서 대금을 지불하는 유사한 서비스를 제공한다. 악성 소프트웨어 개발자들에겐 달콤한 유혹이 아닐 수 없다.

악성 소프트웨어 기술과 핸드폰의 기술적 기능, 금융 기능이 동시에 발달하는 시대에, 우리의 대응도 시급해질 필요가 있다. 지금 시작한다면 아직 초기 단계에 머무르고 있는 악성 소프트웨어의 개발수준과, 마찬가지로 아직 초기 단계에 있는 스마트폰 서비스를 고려할 때 효과적으로 악성 소프트웨어를 방지할 수 있을 것이다. 하지만 그럴 기회를 활용할 시간은 얼마 남지 않았다.

핸드폰 악성 소프트웨어 개발, 대비가 시급하다

아직까지는 아니지만, 해커들이 스마트폰을 난장판으로 만들 수 있는 방법들을 생각해보면 서둘러 대비해야 할 충분한 이유를 찾을 수 있다. PC의 사례를 보면 가장 악성인 소프트웨어는 이메일을 통해서 퍼지고, 감염된 PC로 하여금 인터넷에 스팸을 쏟아붓게 만든다. 아직까지는 스마트폰의 이메일 기능을 이용하는 악성 프로그램이 나타나지 않았으나 이런 프로그램이 등장하는 것도 시간문제다.

PC 쪽에서의 새로운 골칫거리는 스파이웨어다. 아직까지는 몇 가지밖에 발견되지 않았지만 스마트폰에서 개인정보를 빼가는 소프트웨어가 나타나는 것도 당연한 일이다. 그중 플렉시스파이(FlexiSpy)는 통화 내역과 송수신된 MMS를 주기적으로 은밀하게 다른 곳으로 발신한다. 이런 일을 하려면 스마트폰의 동작을 제어하는 스파이웨어가 실제로 설치되어야만 한다.

아마 해커들은 머지않아 이런 기능과 자기복제 기능을 겸비한 바이러스를 만들어낼 것이다. 음성녹음 기능이 들어 있는 스마트폰 제조사는 악성 소프트웨어가 통화 내용을 가로챌 수 없도록 주의를 기울일 필요가 있다.

그리고 지금까지 발견된 300종이 넘는 핸드폰 악성 소프트웨어 중 단 한 가지도 핸드폰 설계상의 허점이나 소프트웨어 오류를 이용해서 침투하지 않았다는 점을 눈여겨보아야 한다. PC에서 발견된 수많은 바이러스와 트로이목마는 대부분 이런 허점을 이용해서 침입했다.

핸드폰 악성 소프트웨어 개발자들은 바이러스를 퍼뜨릴 때 아직까지는 사용자를 속여서 악성 소프트웨어를 설치하게 만드는 방법에 의존하고 있다. 마치 유용한 프로그램이나 게임처럼 위장하는 경우도 있다. 그런데 카비르나 콤워리어(Comm-Worrior)처럼 블루투스를 이용해서 퍼지는 경우는 예외다. 많은 사람들이 기기에 위험 경고가 표시되어도 이를 무시하고 파일을 다운로드해서 스스로 위험을 자초한다.

이런 바이러스의 피해를 입은 사람들에게 왜 '예'를 클릭했는지 설문조사를 한 결과, '예'가 아니라 '아니요'를 클릭했다고 대답한 사람들이 가장 많았다. 그런데 '아니요'를 선택하면 같은 질문이 다시 화면에 표시된다. 웜은 '아니요'를 입력으로 간주하지 않고, 사용자가 블루투스 기능을 끌 시간적 여유를 주지 않는다. 안타깝게도, 최신 스마트폰조차 블루투스 기능을 사용하는 동안은 사용자가 파일 전송을 승인할 때까지 다른 기능을 사용하지 못하게 되어 있다(실은 감염된 스마트폰이 블루투스 동작 범위에서 벗어나기만 하면 된다. 하지만 이 기능을 알고 있는 사용자는 거의 없었다).

해커의 공격 전에 방어하라

스마트폰이 악성 소프트웨어에 감염되어 심각한 기능 저하를 겪지 않도록 하려면 모든 연관 분야에서 신속하고 체계적인 대응을 시작해야 한다. 여러 회사에서 제공하는 바이러스 방지 프로그램을 이용하면 스마트폰이 바이러스에 감염되는 것을 막을 수 있고 치료도 할 수 있다. 그러나 사용자들 대부분은 이런 소프트웨어를 설치하지 않는다. 이런 면에서 변화가 필요하다.

또한 스마트폰에도 방화벽 소프트웨어를 설치해서 특정 프로그램이 인터넷 연결을 통제하려고 할 때 사용자에게 이를 알려줄 수 있어야 한다. 이는 특히 와이파이(Wi-Fi, 보통 802.11이라고 불린다)에 연결이 가능해서 인터넷 접속을 할 수 있는 스마트폰에는 필수요소다. 핸드폰 제조사들은 대부분, 핸드폰이 3G 통신망의 데이터 네트워크를 통해서 주고받는 데이터를 걸러내는 기능을 포함시키고 있다. 반면 공개된 와이파이망에 대해서는 그런 보호장치가 없다. 또한 일부 통신사는 MMS 메시지에 악성 첨부 파일이 있으면 이를 자동적으로 걸러내는데, 모든 통신사가 이를 따를 필요가 있다.

이미 주요 핸드폰 제조사들은 악성 소프트웨어가 핸드폰의 중요한 메모리 영역이나 지불 과정에 접근하지 못하도록 핸드폰 내부회로의 업계 표준을 정하는 모임인 트러스티드 컴퓨팅 그룹(Trusted Computing Group)에 참여하고 있다. 최근에 발표된 심비안 운영체제 버전은 앱 개발자들이 심비안사에서 디지털 인증서를 발급받아 스마트폰의 핵심 파일을 보호하도록 만들어져 있다. 이 운영체제가 장착된 스마트폰에서는 기본적으로 인증서가 없는 앱은 설치가 불가능하다. 사용자가 설정을 변경하지만 않는다면 지금까지 발견된 모든 악성 소프트웨어가 파고들 틈이 없는 것이다.

정부도 이제까지보다 훨씬 더 큰 역할을 할 수 있다. 대부분의 국가에서는 컴퓨터와 핸드폰 내부의 컴퓨터 칩을 해킹하는 것을 범죄로 규정하고 있지만, 법 집행기관이 그다지 적극적으로 움직이지 않고 있다. 지금까지 핸드폰 악성 소프트웨어에 가장 큰 피해를 입었던 말레이시아, 인도네시아, 필리핀은 소프트웨어 범죄를 추적하는 데 반드시 필요한 정보인 신뢰할 만한 통계를 적절히 수집하지 못하고 있다.

에프시큐어사 연구팀을 비롯한 보안 관련 분야의 다양한 조직들이 악성 소프트웨어가 노릴 수 있는 심비안 운영체제와 포켓PC 운영체제의 허점을 찾아내기 위해 지속적으로 노력하고 있다. 해커들이 이런 허점들을 공격하기 전에 적절한 보완이 이루어져야만 다가올 싸움에서 밀리지 않을 것이다.

2-6 데이터베이스에 모든 정보가 담겨 있다

심슨 가핑클 Simson L. Garfinkel

몇 년 전에 있었던 일이다. 공항으로 가던 도중 스타벅스에서 카페라테 한 잔을 산 뒤, 주차장에 차를 세우고 영국행 비행기에 올랐다. 8시간 뒤 히드로공항에 내려 핸드폰에 쓸 선불 심(SIM) 카드를 구입하고 런던 시내로 들어가는 기차표를 사러 갔는데 신용카드가 결제는 물론 인식조차 되지 않았다. 미국으로 돌아올 때까지 그 이유를 찾을 수 없었다.

커피와 선불 심 카드 값을 결제할 때 신용카드 회사의 컴퓨터에서는 확인을 위한 모종의 알고리즘이 동작했을 것이다. 신용카드 회사에서는 내게 전화를 했고, 내가 해외 체류 중이라는 음성메시지를 듣자 내 카드의 사용을 정지해놓은 것이었다.

이때 진짜 짜증이 났던 건 카드회사의 컴퓨터가 영국에서 카드를 사용 중인 사람이 나라는 걸 알지 못했다는 점이었다. 내가 그 카드로 미국 대형 항공사에서 영국행 항공권을 샀다는 사실이 신용카드 회사의 데이터베이스에 남아 있었을 텐데 말이다.

아마 사람들은 대부분 나처럼 생각할 것이다. 영화 〈에너미 오브 스테이트(Enemy of the State)〉나 제이슨 본(Jason Bourne) 시리즈를* 통해서 사람들은 비밀 정부기관이 우리가 이용하는 모든 데이터베이스를 키보드 몇 번만 두드려 언제든 들여

*〈본 아이덴티티〉, 〈본 슈프리머시〉, 〈본 얼티메이텀〉 3부작.

다보는 것도, 우리 행동을 낱낱이 훔쳐보는 것도 결코 허황된 생각이 아니라고 여기게 되었다.

여러 가지 형태의 정보를 모아 하나의 정보로 만들어내는 데이터 융합(data fusion) 기술은 본래 정보보다 훨씬 정확하고 강력하면서 유연한 형태의 정보를 제공한다. 이 기술을 지지하는 사람들은 데이터 융합이 이미 존재하는 정보를 더욱 유용하게 활용하도록 해주는 기술이라고 생각하고, 반대편에서는 이 기술이 각각의 정보를 본래의 이용 목적에 맞지 않게 사용하게 하면서 국민의 자유를 위협한다고 이야기한다. 어쨌든 양쪽 모두 데이터 융합이 실질적으로 동작하고 있다고는 생각하는 셈이다. 그러나 현실에서는 사람들이 생각하는 것처럼 막강한 능력을 갖고 있는 시스템이 적어도 아직까지는 존재하지 않는다.

여러 정보를 모으면 새로운 정보가 탄생한다

데이터 융합기술의 역사는 1970년대까지 거슬러 올라간다. 1974년 의회는 사생활 보호법을 통과시키면서 부모추적서비스(Federal Parent Locator Service)도* 함께 승인했는데 이를 통해서 지금도 이혼 후에 자녀를 돌보지 않는 부모들의 여권번호 같은, 방대한 양의 요주의 인물 관련 정보를 관리한다. 이 정보는 기업이 정부에 보고하는 신규 채용자 명단과 비교되고, 양육비를 미납한 부모가 취업한 것으로 드러나면

*부모에게 양육비를 받아야 하는 아이들을 위해 해당 부모의 위치를 추적하는 제도로 미국 보건교육복지부에서 담당한다.

양육비를 급여에서 떼어가는 데 활용된다.

'데이터 융합'이란 어휘는 1984년에 록히드마틴(Lockheed Martin) 첨단기술센터(Advanced Technology Center)가, 전투 현장에서 각종 센서의 측정값과 데이터베이스 및 사람이 입력한 다양한 실시간 정보를 합성하는 기술인 '전술 데이터 융합(tactical data fusion)'과 관련된 두 문서에서 사용하면서 전문용어로 쓰이기 시작한다. 그 후 관련 연구는 꽃을 피웠다. 생체정보학자들은 게놈(genome)의 동작을 데이터 융합 현상으로 바라보기도 한다. 국토안보부는 데이터 융합센터 58개를 짓는 데 2억 5,000만 달러 이상 예산을 지출했다. 컴퓨터 마케팅회사인 닐슨(Nielsen)은 과거 마케팅 분야에서 쓰였던 마구잡이식 방법을 대체하는, 특정 성향을 갖고 있는 잠재고객을 식별해내는 방법을 개발하기도 했다.

여러 가지 측면에서 데이터 융합기술을 바라볼 수 있겠지만, 잠재적 테러리스트를 찾아내는 데 이 기술을 쓰는 것에 대해서 사회적으로 가장 큰 논란이 일어났다. 2006년 해군소장 존 포인덱스터(John Poindexter)와 미국방위고등연구계획국 로버트 포프(Robert L. Popp)는 "테러리스트를 찾아내는 핵심기술은 이제까지 테러리스트들이 보여준 행동양식을 분석해서 공통된 부분을 찾아내는 것입니다"라고 설명했다. 이들에 따르면 1993년 세계무역센터 폭발사건과 1995년 오클라호마 시청사 폭발 사건은 정부가 비료 구매기록에서 농부가 아닌 구매자들을 미리 확인했더라면 충분히 사전에 탐지할 수 있었다. 하지만 비료 구매기록을 농장 소유 데이터베이스, 고용기록 등과 연계해서 확인하려면 정부가 민간 데이터베이스를 조사하는 초유의 상황이 벌어져야 한다. 국내에서 일어나는 모든 거래, 사실상 모든 개인거래가 특별한 혐의 없이도 감시당할 수 있다는 뜻이다. 이런 이유로, 의회는 포인덱스터와 포프가 주도한 종합정보인식(Total Information Awareness) 연구를 2003년에 중단시켰다.

데이터 융합에서 중요한 것은 각 데이터의 의미

정부가 아무리 보안을 장담해도 자유주의자들의 두려움을 잠재울 수는 없다. 사실을 공개하는 것만으로도 적대세력이 시스템에 침투하기 쉬워질 거라는 이유 때문에 어떠한 정부기관도 어떤 데이터 융합 시스템이 국방용으로 도입되었는지 혹은 도입되지 않았는지 여부를 밝힌 적이 없다. 하지만 지금까지 밝혀진 정보만으로도 데이터 융합이 단지 윤리적·법적 차원의 문제가 아니라는 사실은 분명해졌다. 여기에는 기술적 논란에 대한 문제도 따른다.

우선 데이터의 정확성이 문제가 된다. 대부분의 데이터베이스에 저장된 정보는 통계적 목적으로 수집된 것이어서 이를 바탕으로 특정인을 처벌하는 목적에 쓰일 자동화된 판단 결과를 얻어내는 데는 부적절하다. 1994년 호주 캔버라국립대학 로저 클라크(Roger Clarke)는 미국과 오스트레일리아 정부가 활용하고 있는 컴퓨터를 이용해 신원 파악(identity resolution) 프로그램 연구를 진행했다. 이 시스템은 몇백만 명의 데이터를 읽고 그중 의심이 가는 사람들을 집어낸다. 하지만 지목된 이들은 대부분 멀쩡한 사람들이었다.

일례로, 거짓으로 복지혜택을 받아내는 사람들을 찾아내기 위해서 보건복지부가 가지고 있는 고용기록을 워싱턴 D.C. 인근 지역의 복지혜택 대상자 명단과 비교하는 프로그램을 보자. 이 프로그램은 대략 1,000명 정도 의심 가는 사람 목록을 만드는데, 이를 자세히 분석하면 이중 4분의 3에게 아무 혐의가 없다는 결과를 얻게 된다. 데이터 융합을 이용해서 얻을 수 있는 장점도 있지만, 그렇다고 이에 필요한 데이터를 모으고, 관련 업무 담당자를 교육하고, 잘못된 결과를 걸러내는 데 드는 비용을 정당화하기는 어렵다.

테러를 효과적으로 예측할 수만 있다면 그 대가가 무엇이 되든 데이터 융합 프로그램을 이용해도 좋다고 생각하는 사람들이 많다. 해군 고위장성 포인덱스터는 이 기술을 광활한 바다에서 적의 잠수함을 찾는 것에 비유했다. 하지만 바다 속에서 잠수함을 찾는 것보다 데이터의 바다에서 예비 테러리스트의 징후를 찾는 쪽이 훨씬 어렵다. 바다가 거대하긴 해도, 바다의 모든 위치는 위도와 경도, 깊이를 이용해서 분명하게 규정할 수 있다. 하지만 데이터의 바다는 그런 식으로 명확하게 규정할 수 없다. 게다가 바다는 데이터와 달리 몇 년마다 두 배로 커지지도 않는다. 정보는 대부분 분류되지 않은 상태로 존재한다. 그리고 데이터는 대부분 정보기관이 파악하지 못했거나, 그들의 눈을 피해 숨겨진 컴퓨터 몇백만 대를 통해서 퍼져나간다.

데이터 융합에 쓰이는 데이터는 정보의 내용과 수준, 정확도가 종류마다 다양하기 때문에 데이터 융합이 더 어려워지는 면도 있다. 데이터 융합에서 가장 힘든 부분은 데이터를 취득하는 것이 아니라 각각의 데이터가 지닌 의미를 이해하는 것이다.

하드디스크에 담겨 있는 증거와 실마리

PC 하드디스크에 담긴 정보는 데이터 융합을 이해하는 가장 쉬운 방법이 되어준다. 이것이 바로 내가 직접 했던 작업이다. 1998~2005년 필자는 이베이(ebay), 동네 컴퓨터 가게, 벼룩시장 등에서 1,000개가 넘는 중고 하드디스크를 구입했다. 때론 동네 길가에 버려진 컴퓨터에서 하드디스크를 뜯어내기도 했다. 이때 조사한 결과를 현재 버지니아공과대학에 근무하는 아비 쉬랏(Abhi Shelat)과 함께 논문으로 발표한 바 있다.

이렇게 구한 하드디스크 가운데 약 3분의 1 정도가 동작하지 않았고, 3분의 1은 폐기하기 전 적절한 방법으로 내용을 지운 상태였다. 하지만 나머지 3분의 1은 개인정보가 가득 찬 보물창고나 다름없었다. 이메일, 메모, 금융기록……. 현금 자동 지급기에 쓰이던 하드디스크에는 신용카드 정보 몇천 개가 고스란히 들어 있기도 했다. 슈퍼마켓에서 은행에 신용카드 정보를 보낼 때 사용하던 것도 있었다. 둘 다 중고시장에 판매되기 전에 내용을 적절하게 지우지 않았던 것이다.

하드디스크들의 내용을 보기 위해 사용한 소프트웨어는 누구라도 쉽게 구할 수 있는 것으로, 전혀 특별한 제품이 아니었다. 전 세계 모든 경찰이 컴퓨터나 핸드폰의 내용을 알아낼 때 이 소프트웨어를 쓰고 있다. 많은 사람들이 자신이 너무도 뚜렷하게 디지털 흔적을 남기고 있다는 사실을 알지 못한다.

2-6

1970년대와 1980년대에 걸쳐 캔자스 주 위치토에서 살인을 여덟 건 저지르고 사라진 BTK 킬러 사건을 보자. 범인은 2004년 3월 《위치토 이글(Wichita Eagle)》에 자신이 저지른 범행의 내용을 담은 편지를 보내고 이를 마이크로소프트 워드로 작성한 후 플로피 디스크에 담아 지역 TV 방송국에 보내면서 다시 등장한다. 그런데 그 파일의 관리정보에는 동네 교회와 관련된 내용이 들어 있었다. 경찰은 파일을 만든 사람이 교회의 신도회장이라는 사실을 찾아냈다. 범인이었다.

하드디스크 교차분석을 통한 정보 식별

그런데 하드디스크에서 찾아낸 문서 중에서 어떤 문서가 중요하고 어떤 문서가 하찮은 것인지를 구분하기는 어렵기도 하고 새로운 지식이 필요한 일이기도 하다. 1990년대에 하드디스크 분석 업무를 시작할 무렵, 많은 하드디스크에 《아일랜드 호퍼 뉴스(Island Hopper News)》 복사본이 들어 있었다. 충분히 의심을 가져볼 만한 일이었는데, 알고 보니 이 파일은 마이크로소프트사가 판매한 소프트웨어인 Visual Studio 6.0에 들어 있던 데모 파일이었다. 이 사실을 알지 못했다면 이 파일이 들어 있는 하드디스크 소유자들에 대해서 엉뚱한 결론을 내렸을 수도 있는 일이다.

문제가 되지 않는 파일을 걸러내는 유일한 방법은 파일 중에서 광범위하게 유통되는 것만 추려낸 목록을 활용하는 것이다. 해시 세트(hash set)를 이용하는 방법이 대표적이다. 암호화 기법을 이용한 알고리즘을 적용하면 모든 파일에 마치 디지털 지문처럼 고유의 숫자인 해시값을 부여할 수 있다. 두 가지 방법이 많이 쓰이는데, MD5를 이용하면 128비트, SHA-1을 이용하면 160비트 길이를 갖는 해시값이 만들어진다. 서로 다른 두 파일을 비교하려면 파일의 내용을 일일이 비교하지 않고, 해시값만을 비교하면 된다.

미국표준기술연구소(National Institute of Standards and Technology, NIST)의 국립소프트웨어 도서관(National Software Reference Library)에서는 법무부 지원을 받아, 발매되는 모든 소프트웨어의 구성 파일을 암호화된 해시값으로 변환하는 작업을 진행하고 있다. 현재 이 목록에는 4,600만 개 이상 되는 파일의 해시값이 들어 있고, 미국표준기술연구소는 이 목록이 《아일랜드 호퍼 뉴스》 데모 파일처럼 소프트웨어 제조사가 만든 파일을 손쉽게 걸러내는 데 쓰이도록 수사기관에 배포하고 있다. 다른 기관에서 제공되는 유사 자료로는 해킹용 소프트웨어와 아동 포르노와 관련된 파일들의 해시값 목록이 있다.

해시값을 이용하면 편리하긴 하지만, 목록에 들어 있는 파일은 세상에 있는 모든 파일의 아주 일부분일 뿐이다. 이런 부족함을 보완하기 위해 필자가 개발한 방법이 하드디스크 교차분석(cross-drive analysis)이다. 이 방법을 이용하면 하드디스크 몇천 개, USB 메모리 등 다양한 곳에 분산되어 있는 정보를 자동으로 모을 수 있다. 핵심은 이메일 주소나 신용카드 번호 같은 식별자를 찾아서 나타나는 빈도에 따라 가중치를 매기는 것이다. 식별자가 자주 나타날수록 덜 중요한 정보로 간주하면 된다. 그리고 모든 기기에 있는 식별자들의 상관관계를 찾는다. 만약 특정 이메일 주소나 신용카드 번호가 하드디스크 몇천 개 중 단 두 곳에서만 발견된다면 이 두 하드디스크는 서로 관련이 있는 것일 가능성이 아주 높아진다.

데이터 융합기술을 이용한 신원 파악

데이터 융합기술을 이용해서 사람을 정확히 식별해내는 것은 쉽지 않은 문제다. 사이버세상에도 현실과 마찬가지로 동명이인이 많은 것은 당연한 일인 데다가, 한 사람이 여러 이름을 쓰는 경우도 흔하다. 예를 들어 해군소장 포인덱스터는 데이터의 종류와 보관한 곳에 따라 John Marlan Poindexter나 J. M. Poindexter로 다르게 기록되어 있을 수도 있고, 경우에 따라선 Pointexter로 잘못 쓰여 있을 가능성도 있다. Robert라는 이름도 Robert, Rob, Bob 등으로 다르게 기입되어 있을 수 있다. 서아프리카에서 Haj Imhemed Otmane Abderaqib로 불리는 아랍계 이름이 이라크에서는 Hajj Mohamed Uthman Abd Al Ragib가 되기도 한다.

사이버공간에서의 이름이나 계좌번호와 연계된 실제 인물을 현실세계에서 찾는 기술을 신원 파악이라고 부른다. 사실 데이터 합성의 최종 목적은 신원 파악이다. 의외로 신원 파악 기술은 주로 라스베이거스 도박장에서의 필요성 때문에 개발되었다. 네바다 주의 법에 따르면, 도박장은 스스로를 도박 중독자라고 밝힌 사람은 입장을 거절해야 한다. 이들은 도박을 끊으려고 자의로 명단에 이름을 올린 사람들을 말한다. 하지만 도박 중독은 마음먹기만으로는 잘 낫지 않는 질병이어서 어떤 사람들은 이름을 슬쩍 바꾸거나 생년월일을 조작해서 다시 도박장에 들어가려고 한다. 도박장은 또한 사기도박의 가능성이 있거나 이와 관련된 전과가 있는 사람도 걸러내고 싶어 한다. 만약 어느 고객이 블랙잭 게임에서 큰돈을 딴다면 도박장은 딜러와 고객이 서로 아는 사이가 아닌지 확인할 필요가 있다.

그래서 도박장들은 신원 확인 기술과 신용카드 회사, 공공기록, 호텔 투숙기록 데이터베이스를 결합하는 불분명 관계 분석(Nonobvious Relationship Analysis, NORA)이라는 기술 개발에 자금을 지원하기 시작했다. NORA를 이용하면, 예를 들어 방금 블랙잭 게임에서 10만 달러를 딴 고객과 딜러의 부인이 같은 아파트에 산 적이 있다는 사실을 찾아낼 수 있다. 1990년대에 소프트웨어 엔지니어 제프 요나스(Jeff Jonas)가 개발한 시스템에 따르면 도박장이 가지고 있는 고객명단과 다른 데이터베이스에 저장된 이름을 오류, 모호함, 불확실성을 상당히 제거한 수준으로 맞힐 수 있었다. 이 시스템은 기존의 자료를 바탕으로 가설을 세우고, 새로운 정보가 추가되면 가설을 계속 갱신하는 구조에 기반을 둔 것이다.

예를 들어보자. 시스템에 Marc R. Smith의 운전면허 정보와 Randal Smith의 신용정보, Marc Randy Smith의 신용거래 신청서가 입력된다. 그러면 세 이름이 같은 사람을 지칭한다고 추측할 수도 있다. Marc R. Smith와 Marc Randy Smith의 운전면허 번호가 같거나 Randal Smith와 Marc Randy Smith의 전화번호가 같다면 더더욱 그러하다. 그런데 Randy Smith, Sr.가 Randal Smith와 생일은 같은데 사회보장번호는 Marc R. Smith와 다르다는 새로운 정보가 입력된다. 그러면 시스템은 Marc R. Smith가 Randal Smith, Jr.이고 Randy Smith가 Randal Smith, Sr.라고 바꾸어 추측한다. 이 모든 과정의 핵심은 시스템이 최초에 가설을 세울 때 사용한 정보와 이를 이용해서 얻어낸 추론의 결과를 혼동하지 않도록 프로그램을 만들어야 한다는 점에 있다.

요나스는 이 시스템과 자신이 세운 회사를 2005년 IBM에 매각했다. 그 후 IBM은 여기에 익명 확인(anonymous resolution)이라는 기능을 추가했다. 이는 두 조직이 각각 보유한 데이터베이스에 동일한 이름이 들어 있는지를 전체 데이터베이스를 공유하지 않고도 확인하는 기술이다. 이 기술은 이름이 아니라 암호화 해시기술을 이용한다.

사생활 보호를 주장하는 사람들은 해시, 하드디스크 교차분석, 익명 확인 같은 기술은 근본적 해결책이 되지 못한다고 여긴다. 어찌 되었건 이 기술들 모두를 기존 정보를 수집할 때와는 다른 목적으로 이용하고 있는 셈이니까. 이들은 또한 이처럼 수집된 개인정보들을 수록된 사람의 행적에 관계없이 주기적으로 완전히 삭제해야 한다고 주장하기도 한다. 그런데 요즘의 시스템이 1980년대에 비하면 지극히 적은 오류를 보여주는 것도 사실이다. 악의적인 사람들이 타인의 개인정보를 훔쳐서 얻어내는 이익보다 이 시스템이 가져다 줄 사회적 이익이 커지는 날이 머지않았다.

데이터 융합, 국가와 국민의 합의가 필요하다

실제로 이 시스템은 얼마나 효과가 있을까? 물론 데이터의 품질이 가장 중요하다. 주요 신용정보 회사 세 군데에서 개인의 신용 보고서를 받아보면 저마다 조금씩 오류도 있고 일치하지 않는 부분도 있게 마련이다. 게다가 이런 정보는 몇 년씩 수정되지 않는다 해도 사실상 큰 문제가 없다. 하지만 지나치게 똑똑한 새로운 프로그램이 도입될 때 문제가 생긴다.

데이터가 정확하더라도, 여러 데이터베이스를 비교해서 찾아낸 결과가 실질적 의미를 지닐 수도 있고, 마치 같은 반에 생일이 같은 사람이 둘 있을 때처럼 완전히 우연에 의한 결과일 가능성도 있다. 몇몇 사람들이 매주 한 번씩 모여서 장거리 여행을 하는 목적이 범죄를 모의하기 위한 것일 수도 있지만 이들이 매주 소프트볼 경기를 하러 가는 친구들일 수도 있는 법이다.

사실 사회적으로 데이터 융합에 대해서 거는 기대가 지나치게 크다고 생각된다. 테러리스트가 군중 속으로 숨어버리면 컴퓨터나 수사관이나 그를 찾기 힘들기는 매한가지다. 대부분의 데이터 분석 시스템과 데이터 융합 시스템은 나름대로 찾는 기준의 적용 강도를 조절한다. 기준을 너무 느슨하게 적용하면 범인을 찾기가 어렵고, 반대로 기준이 너무 엄격하면 용의자 수가 너무 많아진다. 대체 어느 정도 기준을 적용해야 할까? 데이터 융합 시스템이 어떤 항공편에 승객 셋당 하나꼴로 테러 용의자가 있다고 지목했다면 아마 진짜 테러리스트가 있을 가능성이 높긴 하겠지만, 항공운송을 거의 마비시키는 법 집행을 불러올 여지도 있다.

데이터 융합 시스템이 생각대로 동작하지 않는 것은 설계상 오류 때문일 수도 있지만 데이터가 부족해서일 수도 있다. 마찬가지 원리로, 잘 동작하는 시스템에 데이터를 더 많이 입력하면 성능이 더욱 좋아진다. 다시 말해서 이런 종류의 시스템을 설계하고 사용하는 사람들은 시스템이 잘 돌아가고 있어도 근본적으로 더 많은 데이터를 원할 수밖에 없다는 뜻이다. 따라서 사생활 보호를 외치는 민간단체와 최초에 예산을 승인한 사람들에게는 안타까운 일이지만 데이터 융합과 관련된 업무는 태생적으로 시간이 지남에 따라 용도가 변경되는 경향이 있다. 1994년 발표한 글에서 클라크는 "사회통제에 대한 국가의 관심과 불필요한 간섭을 배제하려는 국민의 바람 사이에서 적절한 타협이 이루어져야 하는데 이것이 지속적으로 국가가 원하는 쪽으로 기울고 있다"라고 적고 있다.

과학자로서 데이터 융합을 둘러싼 논쟁에서 당황스러운 점은, 실제 사용되고 있는 데이터 융합 시스템에 대해서 일반에게 공개된 정보가 턱없이 부족하다는 사실이다. 마치 1990년대에 암호화 기술을 둘러싸고 벌어졌던 논쟁을 다시 보는 듯하다. 당시 미국 정부는 민간에서 암호화 기술을 사용하지 못하도록 법적으로 규제하는 까닭은, 그 이유를 밝히는 것 자체가 국가안보에 위협이 되기 때문이라고 했다. 데이터 융합에 대해서도 이 기술이 가진 경제적·정치적으로 강력한 힘 때문에 유사한 논쟁이 재연되는 것처럼 보인다. 하지만 이는 공개적으로 논쟁할 만한 충분한 가치가 있다고 본다.

3

해결책

3-1 안전하게 정보를 지키는 방법

애나 리시얀스카야 Anna Lysyanskaya

잭은 온라인 데이트 사이트 Chix-n-Studz.com을 이용해보기로 했다. 웹사이트에서 회원가입을 마치고 필요한 개인정보와 자신이 원하는 상대방 조건도 입력을 마쳤다. 웹사이트는 곧바로 어쩌면 평생의 짝이 될지도 모를 데이트 대상자를 몇 명 추천해줬는데 그중에서 웬디가 매우 매력적으로 보였다. 그녀에게 이메일을 보내고 첫 만남을 약속하는 답장을 기다렸다. 답장이 왔고, 폭풍 같은 온라인 연애가 시작됐다.

가엾은 잭 같으니라고. 그때부터 갑자기 사방에서 전화가 쇄도하기 시작했다. 정치단체와 잭에 대해 무언가를 알고 있는 듯한 영업사원에게서도 전화가 왔고, 보험회사는 잭에게 왜 그렇게 오랫동안 휴가여행을 가려는지 물었다. Chix-n-Studz가 개인정보를 팔아먹고 있었던 것이다. 잭은 멍청하게도 짓궂은 직장동료 이반에게 웬디가 보낸 이메일을 보여준 적이 있었다. 그러나 잭은 최근에 웬디에게서 오는 이메일이 이반이 보내는 가짜 메일이란 사실을 전혀 눈치채지 못하고 있다.

반면에 최신 암호화 기술을 이용하는 SophistiCats.com을 통해서 만난 앨리스와 봅은 한창 행복한 연애를 즐기고 있다. 앨리스가 가입한 웹사이트는 직원들조차 가입자의 신상정보와 접속기록을 알 수 없는 익명 인증기술을 이용한다. 또한 여기서는 적합한 커플을 찾을 때 서로의 조건을 비교하기 위해서 '안전함수평가(secure function evaluation)'라는 기능을 가진 소프트웨어를 이용하므로 직원들도 앨리스와 봅의 신상정보는 물론, 심지어 둘이 연결되었다는 사실조차 알 수 없다. 고객에 대해서 전혀 알 수 없는 데이트 사이트라니 놀랍지 않은가?

앨리스는 익명성이 보장되는 기술을 이용해 봅에게 연락하고 봅도 마찬가지 기술로 앨리스에게 답장을 한다. 앨리스가 가입한 인터넷 회선회사도 메시지가 봅에게 간다는 사실을 알지 못한다. 내용은 말할 것도 없다. 봅이 가입한 인터넷 회선회사도 사정은 마찬가지다. 내용을 아는 사람은 앨리스의 룸메이트인 이브인데, 이브도 앨리스가 메일을 인쇄해서 컴퓨터 옆에 붙여놓고 자신에게 봅에 대해서 이야기해주었기에 알고 있을 뿐이다. 그런데 딱 한 사람, 지독한 장난꾸러기인 데다 앨리스의 컴퓨터에서 오가는 데이터 흐름을 조작할 능력이 있는 이브가 (사실 그녀는 앨리스의 컴퓨터와 인터넷을 연결하는 네트워크 운영 부서에서 일한다) 문제가 될 소지가 있어 보이기는 한다. 그러나 사실 걱정할 필요가 하나도 없다. 암호화 기술 때문에 이브가 알아낼 수 있는 거라곤 앨리스가 인쇄해서 보여준 것 말고는 전혀 없기 때문이다. 앨리스와 봅이 주고받는, '디지털 사인(digital signature)'을 이용해서 암호화된 이메일에 이브가 끼어들 틈은 없다.

하나에서 열까지 암호화하라

앨리스와 잭의 경우처럼 우리도 사적 업무, 사업상 업무 또는 관공서 업무를

3-1

대부분 온라인으로 처리한다. 친구와 연락을 주고받는 일부터 물건을 사고파는 일까지 온라인으로 처리할 수 있는 일의 종류는 엄청나게 다양하다. 온라인상의 행적이나 개인정보를 알아내는 일이 웹사이트에 로그인하는 것에 비교될 정도로 전혀 어렵지 않은 세상이다. 이미 인터넷 회선회사는 가입자가 방문한 웹사이트, 방문 빈도 같은 가입자의 활동 내역을 여러 가지 이유로 저장하고 있다. 이들만도 아니다. 사람들이 온라인에서 마주치게 되는 다양한 상대들, 즉 온라인 매장, 언론, 데이트 사이트 등도 사용자의 활동 내역을 눈여겨본다. 사생활과 개인정보 보호를 중요하게 여기는 사람이라면 어떻게 하면 자신에 대한 정보를 노출시키지 않으면서 인터넷을 이용할 수 있을지 고민할 수밖에 없는 상황이다.

사실 최신 암호화 기술을 이용하면 컴퓨터를 이용하는 거의 모든 통신은 타인에게 노출되지 않는다. 사전 편집자를 포함해서 대부분의 사람들은 '암호학(cryptography)'이라고 하면 무언가를 암호화(encryption)하는 정도로만 생각한다. 하지만 현대적 암호학은 훨씬 많은 내용을 다룬다. 암호학은 컴퓨터를 이용하는 통신과 계산을 악의적 공격에서 보호하는 수학적 방법을 제공하고, 결과적으로 개인정보와 사적 내용이 타인에게 노출되지 않도록 보호해준다.

인터넷으로 연결된 모임이 구성원 모두에게서 제출된 데이터를 서로에게 공개하지 않고 무엇인가를 계산하는 경우를 생각해보자. 투표처럼 결과는 공개하지만 내용은 비밀로 남아야 하는 경우가 좋은 예다. 다중참여계산(multiparty computation) 또는 안전함수평가(secure function evaluation, SFE)

로 불리는 이 방법은 모든 참여자가 결과를 알 수 있지만 어떤 경우에도 개별 참여자의 정보가 노출되지 않도록 한다. 심지어 투표에서 같은 쪽에 표를 던지려고 메시지를 주고받는 사람들끼리도 정작 투표 결과는 알지 못하게 되어 있다. 개별 참여자가 알 수 있는 건 웹사이트 SophistiCats에서 그랬던 것처럼 최종 결과뿐이다.

안전함수평가의 기본적 개념은 개별 참여자의 입력을 여러 조각으로 나눈 뒤 나머지 사람들에게 골고루 전달하는 것이며, 각각의 참여자는 계산도 나누어 맡는다. 마지막 단계에서는 모든 계산 결과를 합쳐서 최종 결과를 만들어낸다. 이렇게 하면 개별 참여자 누구도 자신에게 온 정보만 가지고는 다른 사람이 보낸 정보를 역으로 만들어낼 수가 없게 된다.

투표처럼 단지 숫자를 더하면 되는 단순한 사례만으론 그다지 신기할 게 없다면, 앨리스와 SophistiCats의 사례를 보자. 이 시스템은 남자 몇천 명 중에서 앨리스에게 적합할 만한 조건인 후보를 찾아내어 그녀에게 그에 대한 약간의 정보를 알려주면서도, 모든 과정에서 그녀를 비롯한 누구의 신상정보도 취득하지 않았다. 설령 네트워크를 감시하고 SophistiCats의 하드디스크를 샅샅이 뒤진다 해도 결과는 다르지 않다. 예로 든 SophistiCats는 가공의 웹사이트지만, 이런 암호학적 기법은 이미 실제로도 사용되고 있다. 지난 1월 덴마크에서는 1,200명의 농부가 출하한 사탕무에 대해 각각의 재배농가가 희망 가격을 써낸 뒤, 안전함수평가 기법으로 최종 거래 가격을 결정했다. 이처럼 안전함수평가는 인터넷 이용의 장점을 취하면서도 개인정보 유출을 막는다는 장점이 있다.

안전함수평가가 유용한 기법이긴 하지만 세상에 공짜는 없다. 안전함수평가를 이용하려면 엄청난 계산량과 통신량이 필요하다. 투표 같은 경우엔 아주 유용하지만 웹페이지마다 개인정보 보안을 위해서 쓰기에는 너무나 거창한 방법이다. 그래서 특정한 용도의 경우에는 안전함수평가보다 훨씬 효율적인 방법이 개발되었다. 이 방법의 특징은 다음과 같다.

암호화 앨리스가 가입한 인터넷 회선회사와 이브 누구도 앨리스가 봅에게 보낸 메일을 해독할 수 없다. 앨리스와 SophistiCats 사이의 통신도 마찬가지다.

인증Authentication 앨리스는 봅에게 온 메시지를 봅이 보낸 것이라고 확신할 수 있다.

익명 경로Anonymous channels 앨리스가 가입한 인터넷 회선회사는 앨리스가 누구에게 메일을 보내는지, SophistiCats 사이트를 방문했는지 여부를 알 수 없다.

무증거 증명Zero-knowledge proof* 앨리스는 별도의 증거 없이도 어떤 일이 사실이라는 것을 타인에게 증명할 수 있다.

*zero-knowledge proof를 한국어로 표현할 때 영지식 증명零知識 證明이라고 쓰기도 한다.

익명 인증Anonymous authorization SophistiCats는 앨리스가 접속하면 회원이 접속했다는 것만 알 수 있으며 누군지는 모른다. 이는 무증거 증명이 보이는 특징 가운데 하나다.

남들이 볼 수 없도록 메시지를 숨기려면

암호학에서 가장 기본적이면서 오래된 문제는 어떤 방법으로 내용을 암호화하는가 하는 것이다. 보안이 확보되지 않은 상태에서 메시지를 주고받을 때(적이 엿들으려 할 때)를 생각하면 이해가 쉽다. 앨리스가 봅에게 메시지를 보내고 싶은데 전달 경로의 일부는 (아파트의 네트워크 관리자인) 이브의 관리 아래에 있다. 앨리스가 메시지를 전하고 싶은 상대는 봅이지 이브가 아니다.

이 문제를 좀 더 자세히 들여다보면, 봅은 이브가 모르는 무엇인가를 알고 있어야만 한다는 점을 깨닫게 된다. 그렇지 않다면 이브도 봅이 할 수 있는 일을 똑같이 할 수 있을 테니까. 봅만이 알고 있는 정보를 비밀열쇠(secret key, SK)라고 한다. 두 번째로는, 앨리스가 봅의 비밀열쇠를 알아야 봅만이 풀 수 있도록 메시지를 잠글 수(암호화할 수) 있다. 앨리스가 봅의 비밀열쇠를 완벽히 알고 있는 경우를 비밀열쇠 암호화(secret-key encryption)라고 한다. 사실 이 방법은 몇백 년 전부터 사용되어왔다.

1976년 스탠포드대학의 휘필드 디피(Whitfield Diffie)와 마틴 헬먼(Martin E. Hellman)은 공개열쇠 암호화(public-key encryption)라는 새로운 개념을 발표했다. 이 방법을 쓰면 앨리스는 봅의 비밀열쇠를 알 필요가 없고 공개열쇠(publick key, PK)라고 불리는, 봅의 비밀열쇠에 연관된 값만 알면 된다. 앨리스는 봅의 공개열쇠를 이용해서 메시지를 암호화하고, 이 메시지는 봅의 비밀열쇠를 이용해서만 풀 수 있다. 설령 이브가 봅의 공개열쇠를 안다고 해도 공개열쇠는 메시지를 암호화할 때만 쓰지 암호화된 메시지를 해독할 때는 쓰지 않으므로 아무 소용이 없다.

디피와 헬먼은 공개열쇠 암호화 이론을 제시했으나 실제 구현은 다른 사람의 몫이었다. 1년 뒤, 메사추세츠 공과대학 로널드 리베스트(Ronald L. Rivest), 아디 셰미르(Adi Shamir), 레오나르드 아델만(Leonard M. Adleman)이 공개열쇠 암호화 기술을 이용해서 RSA 기법을* 실용화한다.

RSA는 트랩도어(trapdoor) 함수를** 이용하는 공개열쇠 암호화 기법의 일종이다. 트랩도어 함수는 계산이 쉽고 대상 문서를 암호화하기는 쉬운 반면에 특수한 트랩도어를 이용하지 않으면 암호를 풀어서 원래 문서로 되돌리기가 어렵다. 트랩도어가 비밀열쇠 기능을 하는 것이다. RSA 알고리즘은 이러한 특징을 가진 최초의 알고리즘이었다. 이들은 RSA 알고리즘을 개발한 공로를 인정받아 2002년 컴퓨터 과학 분야에서 가장 권위 있는 상인 A. M. 튜링상을 수상했다.

*Rivest와 Shamir, 그리고 Adleman의 머리글자를 딴 이름이다.

**'낙하산문 함수'라고도 부른다. 비행기에서 낙하산문을 통해서 밖으로 나가기는 쉽지만 역으로 안으로 들어오기는 어렵기에 붙은 말이다.

암호학 분야에서 근본적 변화를 일으킨 것으로 평가받는 RSA 알고리즘이 개발되자 관련 분야 연구가 활기를 띠기 시작했다. 그러나 새로운 트랩도어 함수와 여기에 이용되는 함수의 안전성을 보증할 수학적 가정을 찾아내는 것을 비롯해서, 어떤 암호화 방법이 안전한지를 판단할 기준에 이르기까지 해결해야 할 다양한 문제들이 여전히 놓여 있었다.

공개열쇠 암호화를 이용하면 신용카드 번호처럼 민감한 개인정보를 인터넷상에서 보낼 때도 안심하고 온라인 쇼핑을 할 수 있다. 소비자의 웹브라우저가 앨리스 역할을 하고, 웹사이트가 봅 역할을 한다고 생각하면 된다. 지금은 대부분의 웹브라우저가 지원하는 https 기능이 바로 이것이다. 인터넷 주소가 https://로 시작되는 경우, 브라우저 상태 표시줄에 잠긴 열쇠 모양의 아이콘이 표시되는 것을 볼 수 있다.

공개열쇠 암호화는 보안 이메일을 보낼 때도 많이 사용된다. 다양한 무료 소프트웨어를 이용해서 이 기능을 쓸 수 있으며, 대표적으로 10여 년 전에 무료소프트웨어재단(Free Software Foundation, FSF)이 발표한 GNU 프라이버시 가드(GNU Privacy Guard) 패키지에도 포함되어 있다(www.gnupg.org에서 다운로드할 수 있다). 보통 이메일은 수신자에게 전달될 때까지 인터넷상에서 다양한 경로를 거치기 때문에 암호화하지 않으면 누구라도 볼 수 있는 상태로 여러 군데 하드디스크에 내용이 남아 있게 된다.

조작한 메시지가 아님을 어떻게 확인할까?

인증은 암호화와 연관된 중요한 문제다. 앨리스가 "앨리스, 이브에게 100달러만 보내줘. 고마워, 봅이……"라는 메시지를 받았다고 해보자. 앨리스는 이 메시지가 이브가 조작한 것이 아니라 봅이 보낸 것임을 어떻게 확신할 수 있을까?

처음 메시지를 암호화할 때와 마찬가지로, 봅은 이브가 모르는 무언가를 알고 있어야만 앨리스로 하여금 자신이 메시지를 보냈다고 확신하게 할 수 있다. 그래서 봅에게는 다시 비밀열쇠가 필요하게 된다. 이때 앨리스에게 봅의 비밀열쇠에 대한 정보가 있어야 봅이 메시지를 보냈다고 확인할 수 있다.

여기서 두 가지 방법을 생각할 수 있다. 하나는 보통 메시지 인증코드라고 불리는 비밀열쇠 인증(secret-key authentication)이고 또 하나는 일반적으로 디지털 서명 방식(digital signature scheme)이라고 불리는 공개열쇠 인증(public-key authentication)이다. 디피와 헬먼은 공개열쇠 암호화를 발표하는 동시에 디지털 서명 방식도 고안했으며, RSA 알고리즘을 이용해서 이를 실제로 구현한 것이 최초의 사례다.

여기서 핵심은 봅이 자신의 비밀열쇠를 이용해서 메시지에 첨부할 '서명(signature)'을 만들고, 메시지를 받은 사람은 봅의 공개열쇠를 이용해서 서명이 해당 메시지용으로 만들어진 봅의 것이 맞는지 확인하는 데 있다. 앨리스는 봅의 비밀열쇠를 이용해서 서명을 만들 수 있는 사람은 오직 봅뿐이라는 사실을 알기에 메시지가 봅에게서 왔음을 확신할 수 있다.

오늘날 이메일 송수신 프로그램을 조작해서 이브가 보낸 메시지를 봅이 보낸 것처럼 꾸미는 건 하등 어려운 일이 아니다. 발신인이 조작된 이메일은 가짜 뉴스나 가짜 증권정보처럼 수신자를 속여서 잘못된 행동을 하게 만들 수 있다. 만약 모든 이메일을 인증을 거쳐서 만들게 한다면 이 같은 사기가 발붙이기는 어려울 것이다. 즉 이메일 프로그램이 발신되는 모든 메시지에 디지털 서명을 추가하게 하고, 수신된 메시지의 디지털 서명을 모두 확인하게 하는 것이다. 또한 인증되지 않은 메일을 걸러냄으로써 효과적으로 스팸메일을 차단할 수도 있다. 지금도 1970년대에 처음 이메일이 개발되던 시기의 형태를 답습하고 있는데 당시는 아직 인증 기법이 만들어지기 전이었다.

발송하는 모든 메일에 디지털 서명을 추가하는 무료 소프트웨어는 다양하다. 앞서 언급한 GNU 프라이버시 가드 패키지에도 이 기능이 포함되어 있음은 물론이다.

양파처럼 메시지를 겹겹이 싸서 보내라

모든 메일을 암호화하면 메일을 주고받는 당사자를 제외하고는 인터넷 회선회사를 비롯한 어느 누구도 메일 내용을 보지 못하게 할 수 있다. 예를 들어 앨리스의 회선회사가 그녀가 지금 알코올중독 치료 모임 웹사이트를 방문 중이란 사실을 알고 있다고 하자. 만약 회선회사가 이 정보를 자동차보험 회사에 넘긴다고 가정하면? 알코올중독자들은 자동차보험료 인상에 대한 우려 때문에 온라인으로 알코올중독 해결책을 찾는 시도를 꺼리게 될 것이 분명하다.

안전함수평가를 이용하면 이런 문제도 피할 수 있다. 이 경우 앨리스가 타인에게 노출되길 원하지 않으면서 컴퓨터에 입력하는 내용은 방문하려는 웹사이트 주소이고, 보고자 하는 내용은 웹페이지다. 하지만 사실 안전함수평가는 이럴 경우 너무 비효율적인 방법이다. 1981년 버클리 캘리포니아주립대학에 재직하던 데이비드 차움(David Chaum)이 익명 경로라는 훨씬 간단한 방법을 제시했다. 이 방법은 보통 양파 경로(onion routing)라고* 불린다.

*정보가 발신지에서 목적지까지 찾아갈 때 곧바로 목적지로 보내지 않고 여러 겹의 양파 껍질로 옮겨 가듯이 여기저기 거쳐서 가게 하는 방법.

이름에서도 알 수 있듯이, 앨리스는 메시지를 겹겹이 포장한다. 그리고 한 겹씩 더할 때마다 (포장과 내용을 모두) 다른 사람의 공개열쇠를 이용해서 암호화한다. 그리고 각 껍질의 겉면에 그 사람의 주소를 적는다. 앨리스에게서 봅으로 전달되는 경로는 복잡할 수 있다. 앨리스는 마크에게 양파를 보내고, 마크는 자신의 비밀열쇠로 겉껍질을 벗긴다. 그러면 리사의 주소가 나타나고 마크는 리사에게 양파를 보낸다. 리사가 자신의 열쇠로 껍질을 벗기면… 최종적으로 봅이 양파 알맹이를 누군가에게서 전달받는다. 그 후 자신의 비밀열쇠로 마지막 껍질을 벗겨내면 앨리스의 메시지가 들어 있다.

실제 상황에서 양파 경로의 중간 단계에서는 네트워크로 연결된 컴퓨터들이 자동적으로 암호를 풀어 다음 단계로 보내준다. 중간 단계에 위치한 컴퓨터들이 양파를 여러 개 받아서 일정한 순서 없이 다음 단계로 전달해주는 것이 이상적이다. 만약 회선회사가 모든 중간 단계를 들여다보고 있다 해도 네트워크상에서 움직이는 양파 개수가 충분히 많다면 회선회사 또한 앨리스의 메시지가 어디로 갔는지, 봅의 메시지가 어디서 온 것인지 알아낼 수 없다.

앨리스가 메시지에 자신이 보낸 것이라고 밝히지 않는 이상 봅조차 메시지가 어디서 온 것인지 알 수 없다. 그러나 발신자를 모른다고 해도 앨리스가 자신의 주소와 공개열쇠가 들어 있는 '답장 양파(reply onion)'를 함께 보냈다면 봅은 수신자가 앨리스라는 사실을 모르는 상태에서 앨리스에게 답장을 보낼 수 있다.

중간 단계의 누군가가 자신이 중간책이라는 것을 공개해도 앨리스와 봅 사이에 오가는 메시지 내용을 알 방법은 없다. 이 방식에 참여하는 사람의 수가 늘어나고 자신의 컴퓨터를 중계용으로 쓰도록 허락한다면 누가 누구에게 메시지를 전달하는지 알아내기는 더욱 어려워진다.

이메일 암호화나 디지털 서명과 마찬가지로 자신의 컴퓨터에서 익명 경로 방식을 사용할 수 있게 해주고, 이 컴퓨터를 중계용으로 쓸 수도 있게 해주는 무료 소프트웨어도 있다. 이와 관련된 내용은 토르(The Onion Router, Tor) 웹사이트에서 찾아볼 수 있으며 주소는 www.torproject.org이다.

자신을 숨긴 채 로그인하기

앨리스가 《소피스티캣 아메리칸(SophistiCat American)》이라는 잡지를 온라인으로 구독하는 경우를 생각해보자. 그녀는 잡지사 웹사이트에 접속해서 사용자 이름과 패스워드를 입력할 때도, 잡지를 읽을 때도, 잡지사와 메시지가 오갈 때도 모두 익명 경로를 이용한다. 이 경우 아무도 앨리스가 온라인에서 활동한 내용을 알 수 없다고 확신할 수 있을까? 물론 그렇지 않다. 잡지사는 알고 있다.

앨리스는 구독 신청을 할 때 가명을 써서 자신을 숨기려 했을 수 있다. 하지만 구독 형태를 분석하면 가명을 쓰는 이 사람이 앨리스라는 건 어렵지 않게 알아낼 수 있다. 앨리스는 일기예보를 보려고 자신이 사는 동네의 우편번호를 입력했을 수도 있고, 오늘의 운세를 보려고 생년월일을 입력했을 수도 있으며, 유방암 관련 기사를 많이 살펴봄으로써 자신의 성별을 드러냈을지도 모른다. 이 세 가지 정보, 즉 우편번호, 생년월일, 성별만으로도 전체 미국 인구 87퍼센트에 해당하는 사람들을 정확히 찾아내는 것이 가능하다.

놀랍게도 앨리스가 겪었던 문제는 암호화 기술에서 익명 인증이라는 해결책을 제시한다. 앨리스는 잡지사 사이트에 접속할 때마다 자신이 정상적 구독자라는 사실을 보여줄 필요가 있다. 하지만 이것만으로는 그녀가 누군지, 심지어 몇 시간 전에 접속했던 사람인지조차 드러나지 않는다. 기술적으로 볼 때, 이 사례는 무증거 증명의 특별한 경우라 할 수 있다.

무증거 증명을 이용하면 봅은 앨리스에게서 온 것이 맞는지 확신하기 위해서 다른 증거를 찾을 필요가 없다. 앨리스가 자신이 '《소피스티캣 아메리칸》에 등록된 구독자'라는 사실을 입증할 수 있도록 잡지사는 앨리스가 최초로 구독 신청을 할 때 직접 혹은 제3자를 통해서 앨리스에게 비밀열쇠나 마찬가지인 일종의 자격 증명서를 발급한다. 앨리스가 이 증명서를 제시하면 잡지사는 증명서 내용을 보지 않았다 해도 앨리스가 정당한 구독자라고 확신해도 무방하다. 제3의 기관을 통해서 발급받는 증명서를 이용하면 앨리스는 자신이 "정당한 구독자이며 18세 이상이다"라는 식의 복잡한 내용도 무증거 증명으로 입증할 수 있다.

무증거 증명 개념은 뒷장에 나오는 그림의 설명을 보면 이해가 쉽다. 앨리스는 자신이 색칠한 그래프를 봅에게 보여주지 않고도 그래프의 색깔 조합이 조건에 맞는다는 것을 봅에게 입증하려 한다. 이처럼 그래프를 세 가지 색으로 칠하는 문제는 수학에서 이른바 'NP 완전(NP-complete)' 문제에 속한다. 이 예에서는 짧은 설명만으로 색깔 조합이 맞다는 것을 증명할 수 있어야 무증거 증명이 가능함을 보일 수 있다.

세 가지 색깔을 칠하는 예는 무증거 증명이 가능하다는 사실을 보여주긴 하지만 현실적으로는 안전함수평가와 마찬가지로 별로 효율적이라고 하기 어렵다. 다행히, 암호화 기술 연구자들이 특정한 종류의 증명서에 대해서는 효과적으로 익명 인증이 가능한 더욱 단순한 방법을 개발해냈다.

암호화 기술을 이용한 사생활 보호

얼마나 안전해야 완전히 안전한 걸까? 앨리스가 봅에게 보내는 메시지를 암호화할 때, 이브가 그걸 가로채어 해독하는 건 얼마만큼 어려운 일일까? 게다가 이브가 관련된 정보나 지식을 어느 정도만이라도 갖고 있다면? 예를 들어 이브가 앨리스와 봅이 만나기로 한 동네 카페의 이름처럼 이미 암호화된 메시지에 대한 정보를 조금 갖고 있다고 해보자. 만약 '봅(Bob)'이 암호화 기술을 이용하는 웹서버의 이름이라면, 이브는 암호화된 문서에 정교하게 만들어진 가짜 내용을 포함시켜서 봅에게 보낸 뒤에, 봅의 답장을 분석해서 봅의 비밀열쇠에 대한 약간의 정보를 유추해낼 수도 있다. 공개열쇠 암호화에서 일반적으로 받아들여지는 보안의 정의에 따르면 이브는 어떤 상황에서도 의미 있

신원을 밝히지 않으면서 회원임을 입증하는 방법

익명 인증을 이용하면 자신의 신원을 드러내는 정보 없이도 가입한 웹사이트에 자신이 회원임을 입증할 수 있다. 웹사이트 쪽에서는 이 사용자가 이전에 방문했었는지조차 알 수 없다. 이는 한쪽에서 증거가 될 수 있는 실질적 정보를 제시하지 않으면서도 어떤 사실을 입증하는 기법인 무증거 증명의 좋은 예다.

이 게임은 앨리스와 봅이 주어진 그래프에 세 가지 색을 입히는 것이다. 그래프는 점과 선으로 이루어져 있으며 선으로 연결된 두 점은 이웃이라고 부른다. 어느 색으로도 점을 칠할 수 있지만 이웃한 두 점의 색은 달라야 한다. 앨리스는 봅에게 아무런 힌트도 주지 않으면서 자신이 가진 그래프가 조건에 맞게 칠해져 있음을 보여주려 한다.

일단 봅은 방에서 나가고 앨리스만 남아서 여섯 장의 그래프에 칠을 한다. 조건에 맞게 첫 번째 그래프를 만들고, 나머지 다섯 장의 그래프는 첫 번째 그래프의 색깔만 바꿔서 만든다. 사실상 여섯 장 모두 같은 방법으로 칠한 셈이다. 이중 한 장을 임의로 선택해서 테이블에 올려놓은 뒤, 점에 종이컵을 덮어놓아 가려둔다. 이제 봅이 방으로 들어와서 임의의 이웃한 두 점의 종이컵을 치운다. 만약 두 점의 색깔이 같다면, 봅은 앨리스가 색칠 조건을 모르고 있으며, 그래프가 조건에 맞지 않는다는 것을 금방 알 수 있다.

이 과정을 반복한다. 봅은 방에서 나가고 앨리스는 다시 여섯 장의 그래프 중 아무것이나 올려놓고 종이컵으로 점을 가려둔다. 봅의 관점에서는 앨리스가 주어진 조건에 맞는 그래프를 그리지 못했다면 두 컵을 치울 때마다 같은 색이 나오는 경우가 많아지고, 동일한 위치의 두 컵을 치울 때마다 같은 색이 나올 이유도 없다. 이 과정을 여러 번 반복했을 때 앨리스가 조건을 모르고 있다면 이 사실을 100퍼센트 확률로 알아낼 수 있다. 하지만 어쨌거나 봅이 앨리스가 그린 그래프 전체의 색깔 배열을 알아낼 방법은 없다. 봅이 매번 열어보는 컵 두 개의 위치는 무작위이고, 개념적으로 봅은 매번 자신이 두 점의 색깔을 고른 것과 마찬가지다.

적당한 길이의 명제(예를 들어 "나는 18세가 넘었고 이곳의 회원이다")가 있다면, 이와 관련한 추가적 정보를 전혀 제시하지 않으면서("나는 앨리스이다"나 "내 회원 번호는 4790561이다" 같은) 이를 그래프 색칠 게임으로 변환하는 것이 가능하다.

는 정보를 획득할 수 없어야 한다. GNU 프라이버시 가드 패키지는 이런 기준을 충족시키는 소프트웨어 패키지 가운데 하나다.

암호화 시스템의 보안성을 분석하는 일에는 상당히 수준 높은 과학적 접근이 필요하다. 일반적 인식과는 달리, 암호화 기술을 둘러싼 싸움은 그저 효과적인 공격 방법을 찾아내지 못하기에 공략이 불가능한 보편적 형태의 싸움이 아니다. 암호화 기술은 상당히 정교한 수학적 원리에 의해 만들어져 있다. 어떤 암호화 기술도 절대로 깨지지 않는다는 것을 증명할 방법은 없다. 만약 그 암호화 기술을 깰 수 있는 알고리즘이 있다면, 그것을 찾느라 애쓰고 좌절했던 최고의 수학자와 컴퓨터 과학자들이 던졌던 질문에 답이 되어줄 것이다.

특정한 수학 함수만 이용하는 암호화 방식도 있다. 예를 들어, 암호학자들은 어떤 트랩도어 함수를 이용하더라도 공개열쇠 암호화 시스템을 만들 수 있다. 누군가 RSA에서 이용되는 함수를 해독했다 해도, 반대편에서는 아직 해독되지 않는 함수를 깨어진 함수 대신 이용하면 될 것이다.

매우 드물기는 해도 암호화 기술이 해독되는 경우도 있다. 그러나 이조차 최고의 학자들 몇백 명이 달라붙어 몇 년 동안 알고리즘을 연구할 때나 가능한 일이다. 암호학계가 이런 식으로 함께 움직이는 경우는 아주 핵심적인 요소에 대해서 관심이 집중될 때뿐이다. 아주 일부를 해독하는 데도 이처럼 어렵다는 것을 보여줌으로써 전체 암호화 시스템을 부수는 건 불가능에 가깝다는 것을 입증하기 위함이다.

언뜻 보기에 사생활의 완벽한 보호는 불가능해 보이지만 (익명 인증 같은)

암호화 기술을 활용하면 굉장히 다양한 해결책을 찾을 수 있다. 하지만 현실적으로는 대부분의 사생활 보호와 관련된 사안에는 암호화 기술이 적용되지 않는다. 누군가 앨리스를 미행하고 잠복하면서 온라인 활동까지 전반적으로 감시하는 상황이라면, 암호화 기술 덕택에 온라인 활동 내용만큼은 보호받는다는 생각으로 앨리스도 약간이나마 마음 편하지 않을까? 런던에서는 치안을 위해서 이미 공공장소를 카메라로 감시하고 있으며, 많은 빌딩들도 보안 목적으로 카메라를 설치했다. 범행 현장 주변에 있던 사람들의 사생활을 침해하지 않으면서 범인을 추적하려면 중앙 데이터베이스의 데이터를 안전함수평가 기술을 이용해서 처리하는 것이 방법이 될 수 있다. 더욱 광범위하게 보자면, 공공감시 카메라 같은 시스템 때문에 사생활이 위협받는 상황에 대해서 우리는 스스로 다음과 같은 질문부터 던져보아야 한다.

"시스템이 해결하려는 문제가 어떤 것일까?" "암호화 기술을 이용하면 사생활을 보호하면서도 그런 문제를 해결하는 것이 가능할까?"

3-2 온라인 보안에 대한 전문가 대담

존 레니 John Rennie 외

편집자 주: "QUIS CUSTODIET IPSOS CUSTODES?"라는 고대 로마의 격언이 있다. "누가 감시인을 감시할 것인가?"라는 뜻이다. 오늘날 네트워크 정보 시스템의 보안 관련 제품을 공급하는 업체들은 경쟁자, 고객, 해커, 심지어 국가안보를 우려한 정부에 의해서도 시험대에 오른다. 2008년 5월, 당시 《사이언티픽 아메리칸》 편집장이었던 존 레니는 캘리포니아 주 팰로앨토에서 보안업계 및 고객사 인사들과 대담의 자리를 마련했다. 다음 내용은 일부 대담을 편집한 것이다.

참석자 명단

라훌 아프히안카Rahul Abhyankar

수석 디렉터, 제품 기획(맥아피애버트랩, 맥아피사)

휘필드 디피

부사장, 보안 담당 최고임원(선마이크로시스템즈사)

아트 길릴랜드Art Gilliland

부사장, 제품기획 및 정보 관리(시만텍사)

패트릭 하임Patrick Heim

정보보안 최고임원(카이저 퍼머넌트사)

존 란드베르 John Landwehr

보안 솔루션 및 전략 디렉터(어도비시스템즈사)

스티븐 리프너 Steven Lipner

보안기술 전략 수석 디렉터(마이크로소프트사)

마틴 새들러 Martin Sadler

디렉터(시스템시큐리티랩, HP 랩, 휴렛팩커드사)

라이언 셔스토비토프 Ryan Sherstobitoff

기업 홍보 담당 최고임원(US판다시큐리티, 판다시큐리티사)

보안 책임은 누구에게 있을까?

참석자들은 데이터 보안의 유지와 강화에 대한 대책에서 대체로 일치하는 견해를 보였다. 기술적인 내용이 많았지만, 법적인 측면도 중요하게 받아들였다.

디피 향후 보안과 관련해서는 웹서비스와 디지털 아웃소싱 분야가 가장 큰 영향을 미칠 것입니다. 머지않아 세상에는 컴퓨터를 기반으로 하는 몇백만 가지 서비스가 자리 잡을 테고, 스스로 하는 것보다 이런 서비스를 이용하는 편이 여러 가지 면에서 탁월한 선택이 될 겁니다. 10년 뒤면 요즘 말하는 컴퓨터 보안이란 개념은 사라졌을 테고요. 진짜 필요한 건 내 일을 의뢰받은 회사가 내 정보를 지킬 의무를 명확히 하게끔 하는 법적 장치입니다.

3-2

그러기 위해서는 이를 뒷받침할 기술적 해결책이 먼저 마련되어야겠죠.

길릴랜드 맞는 말씀입니다. 그런데 고객사들이 실제로 사용하는 보안 대책을 보면 기술 발전을 따라가지 못하고 있습니다. 문제는 이게 아닙니다. 고객사들이 실질적으로 이용하기 쉽게 보안기술이 만들어져 있어서 고객사 스스로 보안 관련 문제를 제기하고, 보안 시스템을 점검하고, 표준에 맞게 데이터를 관리할 수 있어야 하는데 실제로는 그렇지가 못해요.

리프너 기업 고객의 경우에는 두 분이 말씀하신 대로입니다. 기업은 데이터를 이용해서 할 업무와 데이터 사용에서의 제약조건 등을 확실히 해야 하니까요. 반면 개인 고객이 원하는 건 걱정 없이 편하게 사용할 수 있는 환경입니다. 인터넷과 인터넷 상거래 성장의 전제조건은 고객이 인터넷을 믿고 쓸 수 있어야 한다는 것이거든요. 그런 환경을 만들어야 합니다.

길릴랜드 "가능한 신속하게 정보 공유를 하도록 만들고, 사업상 현명한 결정을 지속적으로 하게 만들기" 그리고 "정보 공유 방법을 단순하게 만들기"라는, 두 가지 문제의 균형 찾기가 핵심일 것 같습니다.

때론 사람이 위험 요소가 된다

사람은 실수를 하기도 하고, (비록 의도적이지는 않다고 해도) 안전 대신 편리함을 추구하는 경향도 있기 때문에 사용자의 존재 자체가 보안 시스템에서 아킬레스건이 되기도 한다. 보안기술은 이런 면까지도 고려해야 한다.

하임 사람이 미치는 영향을 간과해서는 안 됩니다. 운전에 비유해보기로 하죠. 운전면허 제도의 존재 이유는 기본적으로, 운전자로 하여금 운전에 필요한 규칙과 차량을 안전하게 조작하는 데 필요한 지식을 갖게 하려는 것입니다. 그렇다고 '사이버공간 사용 면허증' 같은 제도가 필요하다는 이야기는 아닙니다만, 사이버공간에서 행해지는 일을 볼 때 절대 불가능한 것도 아니라고 봅니다.

디피 그건 너무 지나친 생각 같은데요. 사이버공간은 세계의 미래입니다. 허가를 받아야만 들어갈 수 있다면 그건 이미 자유로운 사회가 아니겠지요.

아프히안카 사람의 영향을 무시할 순 없겠지요. 스팸메일이 출현한 지 벌써 30년이 됐습니다. 이메일은 여전히 엄청나게 성장하는 중입니다. 기술에는 어두운 면이 있게 마련이고, 악의적인 사람들은 데이터를 훔치는 기술을 많이 가지고 있는 데다 새로운 기술도 엄청나게 만들어내고 있습니다. 이를 단지 기술만으로 막기는 힘듭니다.

길릴랜드 저희 연구 결과에 따르면 데이터 손실의 98퍼센트는 사람의 실수와 시스템 오류에 기인합니다. 보안업계는 항상 악한들과 싸워야 하는 곳입니다만, 데이터 손실문제는 그 사람들과는 별 관련이 없어요. 정보를 훔치면 돈이 되는 건 변함없는 사실입니다. 그런 사람들을 상대로 매번 이길 수는 없습니다. 하지만 사람과 시스템의 실수 때문에 정보를 잃어버리는 일은 막을 수 있습니다.

하임 많은 기업들이 직원들에게 필요한 기술이 무엇인지 제대로 파악하지 못해서 직원들이 일반 소비자용 기술을 이용해야만 하는 경우를 어렵지 않게 찾아볼 수 있습니다.

셔스토비토프 맞아요. 집에서 업무를 하기 위해 스스로에게 지메일로 메일을 보내는 식이라면 정보보안은 먼 나라 이야기일 뿐입니다.

하임 맞습니다. 직원들에게 보안이 유지되는 환경을 만들어주지 않는다면 각자가 알아서 일반적인 방법을 쓸 수밖에 없는 거죠. 개인적으로 사무실에 무선 공유기를 설치한다든가, 데이터를 USB 메모리에 복사한다든가 하는 식이지요. 그런데 기술적으로 해결할 부분도 많지만, 비용 부담도 고려해야 합니다. 정보기술을 활용하려면 어떻게 해야 할까요? 업무가 가능한 상태에서 보안을 확실하게 유지하면서, 직원들이 불편하다는 이유로 보안체계를 빠져나갈 방법이 없도록 만들어야 할까요?

디피 단순화해서 말하자면, 시스템의 기능이 부족할 때 보안에 문제가 생깁니다. 현재 시스템으로 할 수 없는 일을 하려고 하면, 누구라도 어떻게든 뭔가 다른 방법을 찾게 되어 있으니까요.

돈벌이를 위한 해킹

해킹이 호기심이나 심심풀이 때문에 일어나던 시대는 지나갔다. 악성 소프트웨어 제조는 이제 하나의 사업이 되었고, 해킹의 세계를 근본적으로 바꿔놓았다.

아프히안카 이제는 해킹으로 돈을 버는 구조가 확실하게 자리를 잡아서, 만약 해킹이 합법이라면 투자처를 찾는 벤처캐피털들이 열심히 자금을 댈 지경이 되었습니다. 투자 수익도 높을 테고요. 그렇지 않습니까? 악성 이메일을 뿌리는 데 드는 비용은 지속적으로 줄어들고 있습니다. 익명성도 높아져서 경찰이나 검찰이 이들을 찾기가 점점 힘들어집니다.

셔스토비토프 해킹과 관련된 작업은 대부분 그 해킹을 시작한 최초의 해커가 아닌 다른 사람들이 합니다. 이들은 중간책을 활용해요. 실제로 조사를 해보면 '노새(mule)'라 불리는 사람들을 찾을 수 있는데 이들은 자신들이 무엇을 하고 있는지, 범죄에 이용되고 있는지조차 알지 못합니다. 웹에는 "좋은 일거리를 찾으십니까? 일주일에 1,000달러를 벌 수 있습니다!"라는 광고가 넘쳐나는데 그게 무엇일지는 뻔합니다. 법 집행기관이 악성 소프트웨어 제작자를 찾아내는 경우는 없습니다. 그들은 이미 수사망을 피해서 사라진 지 오래예요. 해커가 직접 해킹 공격을 지휘하지도 않습니다. 그들이 하는 일은 해킹용 소프트웨어를 만들어서 팔아버리는 것뿐이거든요. 해킹과 관련된 지하경제가 엄연히 존재합니다. 사이버범죄를 저지르고 싶다면 1,200달러짜리 소프트웨어를 구입하기만 하면 되는 거죠.

새들러 사이버범죄자들의 수법이 정교해졌는데. 우리는 어떤 대책에 협력해야 할까요? 사실은 우리끼리도 경쟁자이지 않습니까. 이처럼 우리는 협력체계가 미흡한 반면에 사이버범죄자들은 체계적으로 움직입니다. 그리고 조직화된 사이버범죄자들 사이에서 다양한 거래가 있다는 증거도 많습니다. 하지만 보안업계에서는 그런 수준의 협력이란 없죠.

셔스토비토프 그래서 제가 제조사와 무관한 접근법을 주장하고 있는 겁니다. 사이버범죄에 효과적으로 대처하려면 기술적 접근뿐만 아니라 개별 연구소들이 함께 작업하고 정보를 나누는 공동체적인 접근이 필요합니다. 이미 저희가 보유한 악성 소프트웨어 샘플들 모두가 고객에게서만 확보한 것들이 아니에요. 보안업계의 다른 회사에서 입수한 것이죠. 무엇보다도 보안기업들은 서로 원수지간이 아닙니다. 사이버보안은 업계가 힘을 합쳐서 대응해야 할 문제예요.

인터넷 이용 허가증을 발급한다면?

아마도 독자들에겐 놀랍게 들리겠지만, 참석자들 대부분은 보안에 관련된 사용자들의 지식수준을 높임으로써 정보보안이 개선될 것이라는 견해를 보였다. 보안 위협의 변화 속도가 너무 빠르기 때문이다.

리프너 사용자가 너무 많은 것을 배워야 하는 부담을 덜어줄 필요가 있고, 쉽게 이용할 수 있으면서 보안이 확보되는 기술을 만들어야 합니다. 보안을 강화한다고 팝업 화면을 여러 개 띄우는 건 사용자를 괴롭히는 일이지 생산적인 일이 아니니까요. 안전한 시스템을 만드는 일의 많은 부분이 사용자 편의성과 관계되어 있는데도 업계 전반에서 이를 대수롭지 않게 여기는 게 아닌가 싶습니다.

새들러 사용자에게 뭔가를 더 가르쳐야 한다는 생각엔 반대입니다. 아주 일반적인 내용이 아닌 한, 자기 분야가 아닌 것에 대해 무언가를 배운다 해도 6개월이면 다 잊어버립니다. 보안 관련 교육은 널려 있지만 어느 것이나 교육 내용은 아주 근시안적입니다. 가장 최근에 나온 바이러스에 대한 내용을 가르친다거나 하는 식이지요.

하임 사람들이 자신의 PC에 무료 스크린세이버를 설치한다는 게 무슨 의미("난 이 프로그램을 만든 사람을 믿고, 내 컴퓨터를 마음대로 들여다보게 해주겠습니다")인지만 알아도 온라인상에서의 행동에 많은 변화가 있을 텐데 말입니다.

새들러 오히려 거기에 답이 있다고 생각해요. 흔히 아이들이 낯선 동네에 가면 "여기는 안전하지만 저곳은 안전하지 않아" 하는 식으로 주위에 신경을 쓰라고 가르칩니다. 인터넷에서 돌아다닌다는 건 자기 은행계좌를 다 들고 가장 위험한 우범지대를 걸어 다니는 것과 마찬가집니다. 그러고는 사기당하고 난 후에 놀라는 거죠. 우려의 대상을 구분할 필요가 있습니다. 사람들이 마음 놓고 최신 스크린 세이버를 다운로드할 수 있도록 하는 것과 그 스크린 세이버 때문에 은행계좌에 문제가 생기지 않도록 하는 것 말입니다.

하임 한편으로는 사회 전체적인 기반시설이라는 관점에서 보면 인터넷 안정성을 유지하기 위해서 신속하게 보완 소프트웨어(patch)를 배포할 필요가 있습니다. 문제는 개인으로선, 그런 최신 소프트웨어를 설치했을 때 시스템이 제대로 동작하지 않을 수도 있다는 겁니다.

길릴랜드 인터넷 이용을 위한 허가증을 발급할 필요는 없다고 생각합니다. 그런데 기업이 직원을 채용한 뒤에 기본적인 보안교육을 하는 건 어떨까요? 노트북을 지급하고 보안 관련 내용을 가르치는 겁니다.

새들러 그렇게 가르친 내용이 과연 얼마 동안이나 효과가 있을 거라고 보시나요?

길릴랜드 기본적 개념에 대한 이해는 오래가겠죠.

디피 그건 사람마다 다를 겁니다.

길릴랜드 "모르는 사람에게서 온 이메일이나 첨부 파일을 열지 마라"는 것을 주지시키는 정도면 누구에게도 어렵지 않겠죠.

디피 그것만으로는 어림도 없어요.

리프너 유일한 방법은 근본적으로 보안을 확보하고 인증을 통하도록 하는 것뿐입니다. 최종 선택은 사용자들이 하겠지만 웹사이트에 접속하건, 첨부 파일을 열거나 실행 파일을 실행시키건 안전한 경우도 있다는 것을 알아야 합니다. 사용자들에게 "프로그램의 소스코드를 읽어보라"거나 "SSL 대화상자의 내용을 해석해보라"고 할 수는 없는 노릇입니다. 최종 사용자들이 자기네 상대가 누구인지 확인할 수 있는 환경이 필요한 것뿐입니다.

길릴랜드 사용자들이 인터넷 보안에 대해서 충분한 교육을 받지 못했다면 언제라도 실수할 가능성이 있습니다. "경고, 이 사이트는 위험할 수 있습니다"라는 팝업창이 떠도 "브리트니 스피어스의 누드 사진을 보려면 클릭하세요"라는 말에 유혹당할 수 있는 거죠. 바이러스를 막는 최선의 방법은 적절한 홍보입니다. 이것만은 분명합니다.

란드베르 다른 방법은 없을까요? 즉 사용자들이 악성 소프트웨어에 현혹되지 않도록 가르치는 방법만 생각할 게 아니라 해커가 유혹을 덜 느끼도록 근본적으로 무엇인가 바꿀 수는 없을까요? 컴퓨터에 있는 정보를 보호하는 건 우리가 잘할 수 있으니까요. 훔쳐봤자 소용이 없도록 컴퓨터에 들어 있는 모든 파일을 암호화할 수도 있습니다. 누군가 실수로 이메일을 잘못 보냈더라도 내용이 암호화되어 있다면 문제가 될 게 없죠. 어차피 본래 받아야 할 사람이 아니면 열어볼 수가 없으니까요.

셔스토비토프 동감입니다. 금융권에서는 최근에 OOBA(아웃오브밴드 인증)* 방식을 도입하려 하고 있습니다. 일부 직원들은 스마트키나 RSA 토큰같이 별도의 인증용 기기를 가지고 있어요. 사용자가 입력한 값이나 사용자 위치 등을 고려해서 의심되는 사례를 추가로 걸러내는 금융기관도 있습니다. 금융기관은 해커와 싸우기 위해서 가능한 모든 기술과 인증 방법을 동원하는 곳입니다.

*두 개의 독립된 경로를 통해서 각각 인증을 하는 방식. 예를 들어 인터넷과 전화를 통해서 각각 인증이 되어야 한다.

란드베르 스마트 카드 활용도 촉진되고 있습니다. 여기 제 사원증도 스마트카드예요. 전 세계 어느 지사에 가도 이것 하나로 출입이 가능하고, 공개열쇠 기반시설(public-key infrastructure, PKI) 자격증명이 들어 있어서 전산시스템에 로그인하거나 업무용 문서를 암호화할 수 있으며, PDF 문서에 디지털 사인을 할 수도 있습니다. 현금카드처럼 비밀번호도 있어요. 누군가 이 카드를 훔쳐가더라도 비밀번호 몇 번만 틀리면 사용이 정지되도록 되어 있습니다.

인터넷 보안과 사생활 보호에 대한 각국의 전망

인터넷 보안이나 사생활 보호에 대한 전망은 국가에 따라 크게 다르다. 미국은 많은 면에서 세계적 추세에 뒤처진 편이다.

새들러 제가 보기엔 프랑스, 독일, 영국은 인터넷 보안과 관련해서 중소기업 교육에 미국보다 무척 많은 노력을 기울이고 있는 것 같습니다. 개인적으로는 교육을 통해서 보안성을 높이는 것에 부정적이지만 미국도 기본적인 내용은 중소기업에 제공해주어야 되지 않나 싶습니다. 또한 유럽, 특히 영국과 독일에서는 학계, 정부, 기업 사이에 미국보다 훨씬 활발한 교류가 있습니다. 미국에서는 좀처럼 이런 모습을 찾아보기 어려워요.

셔스토비토프 유럽에서는 사이버범죄에 대응하는 특별 조직이 활발하게 움직이고 있습니다. 미래의 위협에 대해서도 적극적으로 대처합니다. 반면 FBI와 이런 문제에 대해서 이야기해보면, 미국에서는 아직 먼 미래의 일이란 느낌입니다.

리프너 미국과 유럽, 각국 정부의 필요성이 다를 테니 뭔가 새로운 표준이 만들어졌으면 합니다. 국제적으로 동일하게 통용되는 것이어야겠죠.

길릴랜드 유럽에서는 사생활 보호와 관련해서 굉장히 다양한 규제들이 시행되고 있습니다. 기업들은 당연히 어떻게 되도록이면 효과적으로 이런 규정이나 정책 방향에 대응할지 고민 중입니다. 이 부분은 이번 대담에서 제대로 다뤄지지 못했습니다. 기업이나 개인이 사생활 보호 관련 규제를 지키고 있다는 것을 어떻게 하면 입증할 수 있을까요?

3-3 피싱, 막을 수 있을까?

로리 페이스 크래너 Lorrie Faith Cranor

불과 몇 주 사이에 여러 은행에서 나의 인터넷뱅킹이 차단될 수 있다는 경고 메일이 날아왔다. 이베이는 패스워드를 바꾸라고 했고, 애플은 다운로드한 음악 파일 값을 지불하라고 했으며, 어떤 항공사는 설문조사에 응하면 50달러를 주겠다고 했다. 적십자사는 중국 지진 피해자를 위한 성금을 요청했다. 모든 이메일은 하나같이 그럴듯하고 진짜처럼 보였다. 하지만 이베이에서 온 메일을 제외한 나머지는 모두 돈을 노리는 사기인 '피싱' 메일이었다.

사기꾼들은 보통 피싱 이메일을 유명한 기업의 이메일처럼 보이도록 만들어서 진짜로 여기게 한다. 또한 대부분 급박한 상황인 것처럼 속여서 피해자들에게 서둘러 무엇인가를 하라고 요구하거나 대가를 제시하겠다고 꼬드긴다. 가장 흔한 수법은 웹사이트에 로그인하도록 유도하거나 전화를 걸게 만들어서 개인정보를 빼앗아가는 것이다. 경우에 따라서는 피해자가 링크를 클릭하거나 이메일 첨부 파일을 여는 것만으로도 악성 소프트웨어가 설치되게 함으로써 그들 마음대로 데이터를 가져가거나, 또 다른 공격을 목적으로 컴퓨터 통제권을 장악하기도 한다. 피싱 기법에 따라 조금씩 다르긴 하지만, 결과는 대부분 비슷하다. 사기를 눈치채지 못한 몇천 명이 자신의 개인정보를 넘겨주었고, 사기꾼들은 이를 이용해서 범죄를 저지르거나 은행계좌에서 돈을 빼낸다. 물론 둘 다인 경우도 많다.

3-3

인터넷 사기를 방지하기 위해 결성된 국제적 조직 안티피싱 워킹 그룹(Anti-Phishing Working Group)은 피싱 사례와 피싱 웹사이트를 추적하고 있다. 이에 따르면 피싱 사례가 2007년 한 해 동안 한 달에 5만 5,643건에 이른 적도 있었다. 2007년의 경우 매달 92~178개나 되는 회사 브랜드와 로고가 피해자들을 속이는 용도로 피싱에 이용되었다. 시장조사 기관 가트너(Gartner)에 따르면, 2007년 미국에서 360만 명에 달하는 피싱 피해자가 발생했고, 이들이 사기당한 금액은 32억 달러에 이르렀다.

피싱으로 의심되는 경우에 이메일이나 웹브라우저에서 사용자에게 해주는 경고 안내는 피싱의 위협에 대처하기 위해서 컴퓨터 보안 관련 업계가 고안한 기술이다. 덕분에 많은 피싱이 걸러지긴 했지만, 피싱 사기꾼의 수법은 이런 기술보다 한 발 앞서서 나아가고 있다. 피싱은 유혹에 넘어가서 뭔가 하게 되고 마는 사람의 본능적 허점을 노리는 수법이므로 순전히 기술적인 관점에서만 바라보아서는 안 된다. 그런 이유로 카네기 멜론대학 연구팀은 사람들에게 피싱에 당하지 않으려면 어떻게 해야 하는지를 알려주는 최신 방법을 찾고 있다. 피싱 방지 소프트웨어를 적절히 사용하기만 한다면 피싱에 넘어가지 않을 수 있다. 피싱에서 핵심적 요소는 사람의 반응이므로, 이를 잘 이용하면 역으로 피싱을 막을 수 있다.

사용자의 현명한 대처가 필요하다

사람들이 피싱에 속아 넘어가는 이유를 밝히려는 연구는 2004년에 시작되었다. 당시 동료 연구원이던 맨디 홀브룩(Mandy Holbrook)과 줄리 다운스(Julie Downs)가 피츠버그 거리에서 사람들과 인터뷰를 진행한 결과, 사람들은 대부분 피싱에 대해서 모르고 있었고, 피시(Phish)라는 어휘가 "음악 밴드 피시와 관계가 있는 것"으로 여기는 사람들도 있었다. 금융기관을 사칭한 이메일 사기에 대해서 알고 있는 사람들도 있었지만 이들조차도 기업의 이름으로 온 이메일이 사기일 수 있다는 사실은 알지 못했다. 사람들 대부분은 피싱 이메일을 구분하는 방법을 알지 못했고, 로고나 화면의 만듦새처럼 막연한 요소를 근거로 이메일이 진짜인지 아닌지 구분하려 했다. 또한 웹브라우저가 보여주는 경고 메시지의 의미를 이해하지 못했으며, 이메일에 포함된 인터넷 주소를 사기 여부를 판단하는 데 쓸 수 있다는 것도 모르고 있었다.

피싱의 위험에 대한 인식을 확산시켜야 한다는 것이 분명했고, 기존의 피싱 피해 방지 교육이 효과가 없는 이유를 살펴볼 필요가 있었다. 다양한 기업, 정부기관, 협회 등에서 피싱 피해 방지 교육을 제공하고 있었다. 일부 교육에는 컴퓨터 관련 지식이 없는 사용자로서는 이해하기 힘든 기술적 내용과 전문용어가 넘쳐났다. 피싱의 위험과 배경을 잘 이해하도록 만든 사이트도 있었지만 실질적으로 피싱에 넘어가지 않으려면 어떻게 해야 할지를 알려주지는 못했다. 연구팀은 피싱의 위험을 가장 명료하게 보여주는 교육을 받으면 도리어 진짜 웹사이트에 대한 의심이 확대될 수도 있다고 결론 내렸다.

더 큰 문제는 기업이 직원이나 고객에게 보내는 피싱 피해 방지 안내 메일을 받아본 사람들 대부분이 이를 무시한다는 점이다. 조사 과정에서도 사람들이 정상적인 안내 메일보다 그럴듯하게 만들어진 피싱 메일을 더 관심 있게 읽는 경향이 뚜렷이 나타났다. 연구 결과 피싱에 대해서 막연하게 알고 있는 것만으로는 피싱을 피하기 어렵고, 오히려 교육 과정에서 피싱을 직접 겪어보도록 하는 편이 더 효과적이라고 판단되었다.

이런 결과를 토대로 우리 연구팀은 포누랜감 쿠마라구루(Ponnurangam Kumaraguru)와 알레산드로 아퀴스트(Alessandro Acquist)의 주도하에 피시구루(PhishGuru)라는 교육 시스템을 개발했다. 이 시스템은 교육 중에 가상의 피싱을 경험하게 함으로써 피싱을 피하는 현명한 방법을 터득하도록 유도한다. 주인공 피시구루가 피싱을 피하는 방법을 간결하고 쉽게 설명하는 만화가 들어 있는데 가상의 피싱 이메일에 속았던 피교육자들이 만화로 만들어진 내용을 배운 뒤에는 같은 실수를 반복하는 경우가 현격하게 줄어들었다. 이는 교육이 끝나고 일주일이 지난 뒤에도 마찬가지였다. 반면 같은 교육 내용을 이메일로 수신함으로써 가공의 피싱 사례를 체험해보지 않은 경우에는 교육 효과가 그리 크지 않았다.

연구팀의 대학원생 스티브 셍(Steve Sheng)은 피싱을 피하는 내용과 더불어 의심스러운 웹사이트 주소를 구분해내는 방법을 담고 있는 온라인 게임 형태의 교육 프로그램 안티피싱 필(Anti-Phishing Phil)을 만들었다. 게임 플레이어는 악성 소프트웨어와 연관된 웹 주소를 구분하는 물고기 필이 되어 안전한 먹이만 찾아내야 한다. 잘못된 주소의 먹이를 먹으면 낚싯줄에 걸린다. 그러면 경험 많고 현명한 물고기가 나타나서 필이 무엇을 잘못했는지 가르쳐준다. 다양한 실험 결과, 이 게임이 사람들로 하여금 피싱 사이트를 구분하는 능력을 향상시켜준다는 것이 입증되었다. 교육 이전과 이후를 비교하면 피싱 사이트를 진짜로 여기거나 정상적 사이트를 피싱 사이트로 여기는 비율이 현격히 줄어들었다. 게임을 이용한 교육의 효과는 일반적인 교재를 이용해서 이뤄지는 교육에 비해서 월등히 높았다.

피싱 피해를 줄이는 데 교육이 효과적이라는 점은 분명하지만, 피싱 수법도 날로 지능화되고 있기 때문에 경계를 늦춰서는 안 된다. 안티피싱 워킹그룹(Anti-Phishing Working Group)이 펴낸 보고서에 따르면, 2008년 패스워드를 도난당한 컴퓨터 수가 급증했다고 한다. 직원이나 기업 등 특정 표적을 정한 뒤 공식적 이메일을 가장해서 첨부 파일을 열도록 유도하는 스피어 피싱(Spear-phising)도 점차 늘어나고 있다. 이런 방식의 피싱은 기업 웹사이트나 SNS를 통해서도 이루어진다.

피싱은 치밀하게 준비된 범죄기 때문에 개인의 힘으로는 완벽하게 막기가 어려울 수 있다. 그래서 연구팀은 피싱으로 의심되는 공격을 자동적으로 걸러주는 기능도 개발 중이다. 하지만 어떤 장치를 쓴다 해도 최종적으로는 사용자의 현명한 대처가 피싱을 막는 데 가장 중요한 요소라는 점만은 변하지 않는다.

피싱을 막기 위한 여러 겹의 방어막

많은 웹브라우저에 의심스러운 웹사이트를 걸러내는 기능이 내장되어 있고,

이런 기능을 제공하는 별도의 프로그램을 추가할 수도 있다. 그러나 아무리 피싱 방지 소프트웨어가 피싱 웹사이트를 정확하게 골라내어 경고를 해준다고 해도 사용자가 이를 무시한다면 아무런 소용이 없다. 사람들이 이런 경고를 무시하는 이유를 찾아내기 위해, 연구팀의 서지 이글맨(Serge Egelman)이 실험 참가자들에게 가공의 피싱 이메일을 발송해서 반응을 분석해보았다. 이메일에는 수신자를 피싱 사이트로 유인하는 내용이 들어 있고, 링크를 클릭하면 경고 메시지가 뜨도록 했다. 그런데 인터넷 익스플로러 7(IE 7) 브라우저를 사용하는 사용자들 대부분이 경고를 무시한 반면에 파이어폭스 2(Firefox 2) 브라우저를 쓰는 사용자들은 예외 없이 경고를 받아들였다. 아마도 인터넷 익스플로러 7 사용자들이 피싱 경고를 다른 종류의 경고와 잘 구분하지 못했기 때문이라고 생각된다. 마이크로소프트사도 이미 이 사실을 인지해서, 인터넷 익스플로러 8(IE 8)에서는 피싱 관련 경고창의 모습이 다른 경고창과 확실히 구분되도록 변경한 바 있다.

사용자들이 경고문을 더욱 확실하게 인지하려면 경고의 전달 방법이 명료해야 하는 것은 물론, 경고문 내용이 정확해야 한다. 정상적 사이트를 의심 사이트로 오인하는 경고가 너무 자주 뜨면 사용자들은 당연히 경고를 무시하는 경향을 띠게 된다. 피싱 방지 소프트웨어가 피싱 이메일과 웹사이트를 얼마나 잘 걸러내는지 확인한 결과를 보자. 가장 널리 쓰이는 제품은 이미 알려진 피싱 사이트의 목록을 이용하는 방식으로 되어 있었다. 새로운 피싱 사이트가 발견되면 이 목록에 추가된다. 이와는 반대로, 정상적인 사이트의 목록을 이용하는 방식의 소프트웨어도 있었다.

하지만 피싱 방지 소프트웨어가 이런 목록만 이용해서 피싱을 걸러내는 건 아니다. 사용자가 방문하는 모든 사이트를 분석해서 피싱 사이트를 골라내는 소프트웨어도 있다. 예를 들어 웹사이트 주소가 모두 숫자로만 되어 있다거나, 유명 브랜드 주소와 비슷하다면 피싱으로 간주하는 식이다. 웹사이트가 만들어진 지 얼마나 되었는가 하는, 사용자들이 쉽게 인식하기 어려운 요소도 활용된다. 피싱 사이트는 대부분 만들어진 지 얼마 되지 않았으며, 짧으면 몇 시간, 길어야 몇 주 만에 사라진다.

피싱 사이트 목록을 이용하는 피싱 방지 소프트웨어에서는 시간이 성능을 결정하는 중요한 요소가 된다. 8개의 피싱 방지 소프트웨어에 최신 피싱 사이트 주소를 입력하고 테스트를 해보았다. 대부분의 제품에서 만들어진 지 몇 분 이내인 피싱 사이트를 발견할 확률은 20퍼센트 이하였다. 다섯 시간이 지나자 이 비율은 60퍼센트까지 올라갔다. 목록과 분석을 동시에 이용하면 당연히 결과가 더 좋아진다. 테스트 제품 중에는 처음부터 90퍼센트 발견율을 보인 것도 있다.

현재 연구팀에서는 피싱 이메일을 걸러낼 수 있는 지능형 자가 학습 기능(machine-learning)* 프로그램을 개발 중이다. 이는 스팸메일을 걸러낼 때 많이 쓰이는 방법이다. 그런데 피싱 이메일은 겉보기엔 매우 정상적인 메일로 보이므로 스

*기계(컴퓨터)가 반복해서 다양한 상황에 노출됨으로써 스스로 성능이 향상되도록 하는 기술. 최근 이세돌 9단과 대국해 화제가 된 알파고의 바둑이 대표적인 경우로 알파고는 사람과 대국할수록 스스로 학습해서 성능이 향상된다.

팸메일을 판단하는 기법을 피싱 이메일에 적용했을 때는 효과가 거의 없다. 피싱 이메일의 특징을 분석해서 찾아내는 프로그램인 필퍼(PILFER)를 노먼 사데(Norman Sadeh)가 주도해서 개발하고 있다. 보통 피싱 이메일에는, 언뜻 보기에 잘 알려진 정상적 주소로 보이지만 실제로는 피싱 사이트로 연결하는 링크가 들어 있는 경우가 많다. 이런 링크는 대체로 주소에 마침표(.)가 다섯 개 이상 들어 있고 주소 이름이 아주 최근에 만들어졌다는 특징이 있다. 물론 이런 특징이 모든 피싱 이메일에서 나타나는 것은 아니며, 정상적인 사이트에서도 발견될 수 있다. 연구팀이 개발한 피시 패트롤(Phish-Patrol) 프로그램에는 자가 학습 기능이 있어서, 다량의 정상적 이메일과 피싱 메일을 통해서 학습을 계속하는 가운데 피싱 사이트를 구분하는 능력을 점차로 개선해간다. 가장 최근의 실험에서 피시 패트롤은 95퍼센트가 넘는 피싱 메일 발견율을 보였고, 정상적인 메일을 피싱 메일로 오판하는 경우는 0.1퍼센트 정도에 불과했다.

피싱 웹사이트를 구분해내는 데는 피시 패트롤의 기능에 더하여 추가적인 방법이 이용된다. 제이슨 홍(Jason Hong)이 이끄는 팀에서 개발한 칸티나(CANTINA)는 특정 웹사이트가 피싱 사이트인지 아닌지를 판단하기 위해서 해당 웹페이지의 내용을 분석하는 동시에 경험적이고 직관적인 판단 기법도 함께 사용한다. 칸티나는 우선 잘 알려진 정보 추출 알고리즘을 이용해 각 웹사이트에서 그 사이트만의 특징적 어휘 다섯 가지를 뽑아낸다. 예를 들어 이베이 사이트라면 'eBay, user, sign, help, forgot'이 선택될 수 있다. 이렇게 찾아낸 다섯 가지 어휘를 구글에 검색어로 입력하면 진짜 이베이 사이트가 검색 결과 중 첫 번째로 제시된다. 구글의 검색 알고리즘은 다른 웹페이지에서 해당 페이지로 링크된 횟수를 근거로 검색 결과의 순서를 정한다. 따라서 진짜 페이지가 맨 위에 표시될 가능성이 높아지므로 이베이의 로그인 페이지를 흉내 낸 피싱 사이트가 맨 위에 표시될 수 없다. 물론 정상적인 사이트가 최근에 만들어진 경우에는 이 방법도 완벽하진 않지만, 칸티나가 사용하는 방법이 이것만은 아니다.

끝없이 새로워지는 피싱 기법

컴퓨터 보안에 몸담고 있는 사람들만이 새로운 기술을 찾고 연구하는 건 아니다. 피싱 방지 프로그램의 성능이 개선되는 것에 발맞춰 피싱을 하는 사람들 또한 이를 피할 궁리를 하게 마련이다. 최근에는 피싱 메신저나 문자메시지를 이용한 피싱이 늘고 있으며, 온라인 게임이나 페이스북 같은 SNS를 이용하기도 한다. 공공장소에 와이파이 공유기를 설치하고 통신사의 로그인 페이지로 보이는 화면을 띄우는 일도 있다. 이런 종류의 피싱은 패스워드를 훔칠 뿐 아니라 악성 소프트웨어를 퍼뜨리기도 한다.

조직적으로 움직이는 피싱 사기단은 컴퓨터 몇천 대를 악성 소프트웨어에 감염시켜 피싱에 이용하기도 한다. 동유럽에 근거지를 둔 것으로 보이는 사기단 '록 피시 갱(Rock Phish gang)'은 메시지를 피싱 사이트로 연결하는 중계 역할로 감염시킨 컴퓨터를 이용한다. 감염된 컴퓨터에서 피싱 메시지가 발송되도록 조작해서 피싱 사이트의 주소가 드러나지 않게 하고, 경찰이 공격 근원지를 찾기 어렵도록 만드는 것이다.

이들은 또한 알파벳 인터넷 주소에 연계되는 숫자 주소를 부여하는 서버를 조작해서 피싱 사이트의 숫자 주소를 지속적으로 바꾸는 '패스트-플럭스(fast-flux)' 기법을 쓰기도 한다.

이들은 피싱으로 신용카드 번호나 개인정보를 가로챈 후에도 실제로 돈을 손에 넣기 위해 또 다른 과정을 거쳐야 한다. 흔히 사용되는 방법은 멋모르는 사람을 꼬드겨 소위 노새라 불리는 중간책으로 이용하는 것이다. 집에서 간단한 업무를 하면 돈을 벌 수 있다거나, 인터넷에서 도움을 청하는 식으로 사람을 모으는데, 여기 걸려든 사람들은 자신이 정상적으로 고용된 줄 알고 있다. 하지만 노새는 돈을 중간에서 전달하는 창구일 뿐이고, 경찰이 수사에 착수할 때 맨 먼저 걸리는 것도 이들이다.

끊임없이 새로워지는 피싱 기법에 대응하는 개선된 피싱 방지 소프트웨어를 개발하고, 사용자들이 피해를 당하지 않도록 홍보함으로써 피싱 피해를 상당히 줄일 수 있다. 또한 수사기관의 국제적인 협조가 지속되면 돈벌이로서 피싱의 매력이 사라지게 하는 데 커다란 효과가 있다. 하지만 피싱은 근본적으로 마치 끝없는 군비경쟁과 같아서, 완전히 사라지기는 어려운 면이 있다. 그러므로 피싱으로 인한 피해를 입지 않으려면 사용 가능한 모든 방법을 동원하는 것이 필수일 것이다.

3-4 발전하는 생체인식 기술

아닐 자인 Anil K. Jain · 사라스 판칸티 Sharath Pankanti

오늘날 일상생활을 영위하려면 매일 이런저런 카드와 패스워드를 헷갈리지 않게 번갈아가며 사용해야 한다. 날마다 신분을 입증하는 일의 연속이다. 현금카드를 잃어버리면 현금 자동 지급기에서 돈을 꺼낼 수 없다. 패스워드가 기억나지 않으면 개인의 컴퓨터는 그저 커다란 쇳덩어리에 불과할 뿐이다. 본디 카드나 패스워드는 안전한 금융거래를 위해서 만든 것이지만 도둑맞게 되면 오히려 피해를 입을 가능성이 커진다. 그러나 개인의 생체적 특징이나 행동 특성을 이용해서 신원을 확인하는 생체인식 기술을 이용하면 이러한 위험은 대부분 피할 수 있다.

인간의 생체적 특성은 실물이 있는 현금카드나 비밀번호에 비해 훨씬 위조나 복사가 어려운 것은 물론, 공유하거나 잃어버릴 수가 없고 흉내 내기도 힘들다. 또한 생체적 특성은 운전면허증이나 여권 등의 신분증명서에 표시된 사람이 자신임을 증명할 수 있는 실질적으로 유일한 방법이라고 보아야 한다. 생체인식 기술로는 자신을 증명하기도 쉽다. 그런 까닭에 생체인식 기술은 최근 널리 확산되고 있다. 지문인식 기능을 제공하는 노트북 PC나 스마트폰도 이미 판매되고 있으며, 일부 국가에서는 생체인식 기술을 현금카드나 여권 등을 이용할 때의 신원 확인 보조수단으로 활용하기도 한다. 건물을 출입하거나 복지혜택을 수령할 때도 마찬가지다. 사실 이런 시스템들은 완벽과는 거리가 멀지만, 생체인식 센서 가격의 하락과 마이크로프로세서의 성능 향상에 힘입어 이미 곳곳에서 생체인식 기술을 이용하고 있는 실정이다.

생체인식을 위해 필요한 고유한 개인의 특성

생체인식이라는 아이디어는 이미 오래된 것이다. 1879년 프랑스 형사 알퐁스 베르티옹(Alphonse Bertillon)이 팔과 발의 길이를 재는 등 신체 측정을 이용해서 재범자를 찾아내는 방법을 제안했다. 이후 영국 학자들은 지문이 개인의 변하지 않는 고유한 특성이라는 사실을 입증함으로써 1896년 지문 분류 시스템 개발이 시작되었다. 이후 런던 경찰청은 범죄 현장에 남겨진 지문을 수집해서 범인을 찾는 데 활용하기 시작했다. 오늘날 전 세계 어디서나 지문은 경찰수사를 비롯해 보안이 필요한 업무에서 신원 확인용으로 널리 사용된다.

하지만 지문만이 유일한 수단은 아니다. 신원 확인 시스템에서는 지문 이외의 여러 생체적 특징이 함께 이용된다. 최근에는 아주 빠르면서도 정확하고, 사용하기 쉬우면서도 저렴한 자동화된 생체인식 기술 개발에 많은 노력을 투입하고 있다. 지난 30년간 지문인식 말고도 안면, 손, 음성, 홍채인식처럼 새로운 생체인식 기술이 개발되었다.

어떤 신체적 특성이 생체인식에 이용되려면, 그 특성이 사람마다 고유하고 세월이 지나도 변하지 않는 것이어야 한다. 특성에 따라서는 인식 정확도가 아주 높은 것도 있고, 기술적으로 인식이 쉬운 것도 있으며, 비용이 덜 드는 것도 있다. 어떤 생체인식 기술을 선택할지는 목적에 따라 달라진다. 모든 경우에 적합한 단 하나의 방법은 존재하지 않는다.

오늘날 가장 흔하게 이용되는 생체인식 기술은 지문인식, 안면인식, 홍채인식, 이 세 가지다. 지문은 범죄 수사뿐 아니라 많은 나라에서 출입국 통제 용도로 사용된다. 미국만 해도 2004년 US-VISIT 프로그램이 도입된 후 미국토안보부는 7,500만 명 이상에게 지문인식 기술을 적용했다. 경제적 측면에서 지문인식 기술의 장점은 지문인식 센서 가격(5달러 내외)이 저렴하면서 부피도 작아 노트북 컴퓨터나 스마트폰, 심지어 USB 메모리에도 설치할 수 있다는 점이다. 하지만 크기가 작은 센서는 지문의 일부만을 이용하며, 인식에 사용하는 이미지의 해상도도 낮아서 법 집행기관에서 이용하는 대형 센서에 비하면 정확도가 떨어진다.

안면인식은 컴퓨터와 스마트폰에 기본적으로 카메라가 내장되는 추세에 힘입어 점차 보편화되고 있다. 실내조명에서 정면을 향하고 아무 표정도 짓지 않은 영상이 제대로만 확보된다면 안면인식의 정확도는 상당히 높다. 하지만 자세나 조명, 표정이 바뀌거나 안경이나 수염, 노화 같은 요소가 추가되면 인식이 어려워진다. 이처럼 언제나 변할 수 있는 요인에 취약하다는 특성 때문에, 특히 비디오를 이용한 감시 시스템에서는 안면인식을 활용하기가 어렵다. 자신의 얼굴을 감시 카메라 앞에서 정해진 자세로 보여줄 사람은 아무도 없다. 그러나 아마 10여 년 뒤면 이런 문제점을 극복하고 완전히 자동화된 실시간 안면인식 감시 시스템이 완성될 가능성이 높다.

홍채는 사람마다 고유한 형태와 주름을 가지고 있고, 나이가 들어도 변하지 않는 것으로 알려져 있다. 게다가 홍채인식은 매우 정확하고 빨라서 그저 홍채인식기를 몇 초 들여다본 후 촬영된 영상을 분석하고 저장해서 저장되어 있는 값과 비교하면 끝이다. 이러한 장점 때문에 영국의 홍채인식 출입국 관리 시스템(Iris Recognition Immigration System, IRIS)을 비롯한 대규모 시스템이 다수 만들어졌다. 이 시스템에 등록된 사람은 공항에서 간단하게 출입국 수속을 마칠 수 있다.

하지만 홍채인식에도 단점은 있다. 홍채인식 알고리즘은 홍채에 나타나는 무작위 패턴을 나열된 숫자로 바꾸는데, 이 숫자를 저장된 값과 비교해서 두 홍채가 같은지 다른지를 확신할 수 있는 방법은 존재하지 않는다.* 그러므로 홍채인식 결과는 법정에서 증거로 인정받지 못한다.

*설령 한 사람의 홍채라고 해도 측정 때마다 조금씩 다른 값이 나온다.

생체인식 기술의 복합적 활용으로 신뢰도 향상을 꾀하다

생체인식 기술 개발에서 어려운 점은 또 있다. 태생적으로 생체인식에 기반한 신원 확인 시스템은 패스워드나 신분증을 요구하는 신원 확인 시스템과 달리 완벽히 일치하지 않는 두 값을 비교해서 결론을 내려야 한다. 입력된 값과 저장된 값이 일치하는데도 시스템은 이 값들을 다르다고 판단하는 오인식(false acceptance)과, 반대로 일치하지 않는데도 일치한다고 판단하는 오거부(false rejection)라는 두 가지 오류에서 어떤 생체인식 기술도 자유롭지 못하다.

일반적으로 전문가들은 오인식률과 오거부율 모두 0.1퍼센트(본인이 맞는데 아니라고 판단하는 경우와 본인이 아닌데 본인이라고 판단하는 경우 모두 각각 1,000번에 한 번)가 넘어서는 안 된다고 판단한다. 그러나 미국표준기술연구소가 2003~2006년 진행한 시험 결과에 따르면 지문, 안면, 홍채, 음성(역시 흔하게 이용되는 생체인식 기술이다)이라는 네 가지 생체인식 기술의 오류 발생률은 모두 0.1퍼센트를 넘었다.

판단 기준을 까다롭게 하면 오인식률은 낮출 수 있지만 오거부율이 올라간다. 결국 두 가지 오류율을 모두 줄이려면 센서의 정밀도를 높여 해상도가 더 높은 영상을 얻어내야만 한다는 뜻이다. 또한 시스템 자체의 보안도 고려해야 한다. 저장된 생체정보 데이터를 빼내어 다시 이용할 수 없게 해야 하고, 외부에서 생체인식 시스템의 하드웨어나 소프트웨어를 조작할 수 없게 만들어야 한다. 하지만 신분증이건 패스워드건, 모든 보안 시스템은 어떤 형태로든 공격에 노출되어 있으므로 적절한 대응책을 고려해둘 필요가 있다. 생체인식 시스템이 인식한 생체정보에 암호화 기술을 접목하는 것도 한 가지 방법이 될 것이다.

생체인식 시스템이 실제 생체만을 인식하도록 만들려면 엄청난 고도의 기술이 필요하다. 예를 들어 지문인식 시스템이 지문을 복사한 플라스틱 카드를 진짜 지문으로 인식하지 않을 정도가 되어야 한다. 따라서 생체인식 시스템은 대상이 되는 생체적 특징 외에 체온을 비롯한 여러 특성을 감지해서 입력이 진짜인지 아닌지를 판단한다.

생채인식의 정확성, 신뢰성, 보안성을 동시에 높이려면 여러 가지 생체인식 기술을 복합적으로 활용하거나 (지문이라면 여러 손가락을 이용하는 식으로) 여러 개를 입력하는 방법이 가장 효과적일 것이다. 그렇게 하면 신분 확인 과정의 전체적 신뢰성이 매우 높아진다. 실제 여권에는 이미 이런 방식이 적용되고 있다. 미국 출입국 관리 시스템 US-VISIT은 외국인의 경우 과거 두 손가락만 지문을 채취했었으나 지금은 열 손가락 지문을 모두 채취하며, 지문과 안면인식을 병행해서 적용하고 있다.

생체정보 이용과 사생활 보호

생체정보의 이용은 사생활 보호와 관련된 문제를 일으킨다. 개인의 생체정보는 누구의 것인가? 본인인가, 시스템을 운영하는 쪽인가? 이런 정보가 생체정보를 통해 개인의 건강정보를 알아내는 등 다른 용도로 사용되지는 않을까? 아마 미래에는 당사자가 모르는 새에 생체정보를 측정하는 기술도 개발될 테고, 사생활 보호문제는 더욱 논란에 휩싸일 것이다.

사실 사생활 보호와 관련해서 현재로서는 현실적이고 구체적인 해결책이 존재하지 않는다. 결국 이 문제에 관해서는 광범위한 논의와 정책적인 결정에 의해서 나아갈 바를 결정해야 한다고 생각되며 그럴 수밖에 없다. 발전된 생채인식 기술이 머지않아 우리 사회에 만연한 보안문제 및 신분을 속이고 행하는 사기문제를 해결해줄 핵심적 수단이 될 것은 분명하다.

출처

1 The Hacker

1-1 John Villasenor, "The Hacker in Your Hardware", *Scientific American* 303, 82~87. (August 2010)

1-2 David M. Nicol, "Hacking the Lights Out", *Scientific American* 305(1), 70~75. (July 2011)

1-3 Carolyn P. Meinel, "The Attack of Code Red", *Scientific American* 285, 42~51. (October 2001)

1-4 Carolyn P. Meinel, "How Hackers Break In...and How They Are Caught", *Scientific American* 279(4), 98~105. (October 1998)

1-5 Michael Moyer, "Attack of the Worms", *Scientific American* 300(6), 30. (June 2009)

2 Nowhere To Hide

2-1 Daniel J. Solove, "The End of Privacy?", *Scientific American* 299(3), 100~106. (September 2008)

2-2 W. Wayt Gibbs, "Stealing Secrets", *Scientific American* 300(5), 58~63. (May 2009)

2-3 Whitfield Diffie and Susan Landau, "Brave New World of Wiretapping", *Scientific American* 299(3), 56~63. (September 2008)

2-4 Katherine Albrecht, "Tag-You're It", *Scientific American* 299(3), 72~77. (September 2008)

2-5 Mikko Hypponen, "Malware Goes Mobile", *Scientific American* 295(5), 70~77. (November 2006)

2-6 Simson L. Garfinkel, "The Ultimate Database", *Scientific American* 299(3), 82~87. (September 2008)

3 The Solutions

3-1 Anna Lysyanskaya, "How to Keep Secrets Safe", *Scientific American* 299(3), 88~95. (September 2008)

3-2 John Rennie, et al., "Improving Online Security", *Scientific American* 299(3), 96~99. (September 2008)

3-3 Lorrie Faith Cranor, "Can Phishing Be Foiled?", *Scientific American* 299(6), 104~110. (December 2008)

3-4 Anil K. Jain and Sharath Pankanti, "Beyond Fingerprinting", *Scientific American* 299(3), 78~81. (September 2008)

저자 소개

다니엘 솔로브 Daniel J. Solove, 조지워싱턴대학 로스쿨 교수

데이비드 니콜 David M. Nicol, 일리노이주립대학 교수

로리 페이스 크래너 Lorrie Faith Cranor, 카네기 멜론대학 교수

마이클 모이어 Michael Moyer, 《사이언티픽 아메리칸》 편집자

미코 히포넨 Mikko Hypponen, 보안회사 에프시큐어(핀란드 헬싱키) 연구소장

사라스 판칸티 Sharath Pankanti, IBM 왓슨연구소 연구원

수전 랜도 Susan Landau, 우스터 폴리테크닉 인스티튜트 교수(수학)

심슨 가핑클 Simon L. Garfinkel, 미국표준기술연구소(디지털 포렌식)

아닐 자인 Anil K. Jain 미시간주립대학 교수, 중국 칭화대학 및 한국 고려대학 초빙 교수

애나 리시얀스카야 Anna Lysyankaya, 암호 전문가

웨이트 깁스 W. Wayt Gibbs, 과학 저술가

존 레니 John Rennie, 《사이언티픽 아메리칸》 편집위원

존 빌라세뇰 John Villasenor, UCLA 교수

캐럴린 마이넬 Carolyn P. Meinel, 《해피 해커(The Happy Hacker)》 저자

캐서린 알브레히트 Katherine Albrecht, 《스파이 칩스(Spychips)》 저자, 개인정보 전문가

휘필드 디피 Whitfield Diffie, 스탠퍼드대학 CISAC연구소(암호학)

한림SA **01**

개인보안,
해커는 어디까지 침투할 수 있는가?

사이버 해킹

2016년 4월 15일 1판 1쇄

엮은이 사이언티픽 아메리칸 편집부
옮긴이 김일선

펴낸이 임상백
기획 류형식
편집 박선미
독자감동 이호철, 김보경, 전해윤, 김수진
경영지원 남재연

ISBN 978-89-7094-872-0 (03560)
ISBN 978-89-7094-894-2 (세트)

펴낸곳 한림출판사
주소 (03190) 서울시 종로구 종로 12길 15
등록 1963년 1월 18일 제 300-1963-1호
전화 02-735-7551~4
전송 02-730-5149
전자우편 info@hollym.co.kr
홈페이지 www.hollym.co.kr
페이스북 www.facebook.com/hollymbook
트위터 @hollymbook (https://twitter.com/hollymbook)

표지 제목은 아모레퍼시픽의 아리따글꼴을 사용하여 디자인되었습니다.